油棕生产关键技术

曹红星　吕朝军　付登强　等　**编著**

中国农业科学技术出版社

图书在版编目（CIP）数据

油棕生产关键技术 / 曹红星，吕朝军，付登强编著 . 北京：中国农业科学技术出版社，2024.11. --ISBN 978-7-5116-7173-8

Ⅰ. S565.9

中国国家版本馆 CIP 数据核字第 20240VY255 号

责任编辑 李 娜 朱 绯
责任校对 马广洋
责任印制 姜义伟 王思文

出 版 者 中国农业科学技术出版社
北京市中关村南大街 12 号 邮编：100081
电　　话 （010）62111246（编辑室） （010）82109702（发行部）
（010）82109709（读者服务部）
网　　址 https：// castp.caas.cn
经 销 者 各地新华书店
印 刷 者 北京捷迅佳彩印刷有限公司
开　　本 148 毫米 ×210 毫米 1/32
印　　张 7.5
字　　数 180 千字
版　　次 2024 年 11 月第 1 版 2024 年 11 月第 1 次印刷
定　　价 98.00 元

编 写 人 员

主编著　曹红星　吕朝军　付登强

副编著　邓怡国　牛晓庆　陈沛民

张健唯　叶剑秋　李启黉

编　委（按姓氏笔画排列）

牛晓庆（中国热带农业科学院椰子研究所）

邓怡国（中国热带农业科学院农业机械研究所）

叶剑秋（中国热带农业科学院椰子研究所）

付登强（中国热带农业科学院椰子研究所）

吕朝军（中国热带农业科学院椰子研究所）

刘小玉（中国热带农业科学院椰子研究所）

李　睿（中国热带农业科学院椰子研究所）

李启黉（中国热带农业科学院椰子研究所）

李欣瑜（中国热带农业科学院椰子研究所）

张健唯（中国农业科学院蜜蜂研究所）

陈沛民（中国热带农业科学院农业机械研究所）

周丽霞（中国热带农业科学院椰子研究所）

黄汉驹（昌江黎族自治县现代农业发展服务中心）

曹红星（中国热带农业科学院椰子研究所）

经费资助：

国家重点研发计划项目“热带木本油料作物新品种培育及高效配套关键技术研究与示范”（2023YFD2200700）

海南省国际科技合作研发项目“油棕生产关键技术在印度尼西亚的示范与推广”（GHYF2024019）

中国热带农业科学院基本科研业务费专项“油棕耐寒性状的分子解析与全基因组选择育种”（1630152023011）

国家特色油料产业技术体系文昌综合试验站（CARS-14-2-31）

国家自然科学基金地区基金项目“油棕 GRF4-GIF1 共激活子调控体胚发生的分子机制”（32360406）

中国热带农业科学院基本科研业务费专项资金“棕榈科经济作物（椰子、油棕）高产优质抗逆种质创制与新品种选育”（1630152022001）

热带作物生物育种全国重点实验室科研项目“基于核磁共振与热成像的油棕耐寒生理表型精准鉴定评价及无损检测方法探究”（NKLTCB202332）

前 言

Foreword

油棕（*Elaeis guineensis* Jacq.）为棕榈科油棕属多年生单子叶植物，种子含油率高达 50%，是已知产油效率最高的植物，有“世界油王”之称，产油量可达 600 千克 / 公顷，是大豆的 6～7 倍，经济寿命 20～30 年，自然寿命可达 100 多年。全球油棕种植面积约 4.4 亿公顷，2023 年至 2024 年上半年棕榈油分别约占植物油总产量、贸易总量和总消费量的 35.6%、56.4% 和 35.8%，是世界上生产量、消费量和贸易量最大的植物油品。我国年棕榈油消费量约 600 万吨，约占食用油消费总量的 20%，在食用油供给上发挥了非常重要作用。棕榈油和棕仁油除了供食用外，还可制造高级人造奶油、肥皂、工业防锈剂及润滑油等；其茎叶、果壳、油饼等还可作为生产活性炭、洗涤去污剂、化妆品及特种用纸等的原料，用途非常广泛。此外，油棕具有可在林地、坡地等不宜种粮地区种植、经济寿命长、油品品质功能突出等特点，不与粮争地，不逾越“耕地红线”。而目前我国食用油自给率仅为 35.5%，远低于国际公认的 45% 安全警戒线，发展油棕产业是突破“粮油争地”矛盾、提高我国食用油自给率的重要途径。

油棕分布范围广泛，主要分布于南纬 10° 至北纬 15° 的亚非拉热带地区，包括亚洲的东南部，非洲的西部和中部，南美洲的北部和中部，以及大洋洲西南部。目前世界上种植油棕的国家有 44 个，主要生产国有印度尼西亚、马来西亚、尼日利亚等。20 世纪初油棕在非洲地区进行商业性栽培，但由于品种落后，栽培管理水平相对较低等原因，目前多处于半野生状态。东南亚的印度尼西亚和马来西亚于 1848 年和 1870 年分别引进油棕作为观赏植物和行道树。但直到 1911 年才开始商业化种植，由于气候条件得天独厚，东南亚油棕产业发展迅速，目前东南亚油棕种植面积占全球油棕总种植面积的 80%，成为世界最大的油棕种植区。南美洲油棕种植始于 1943 年，但整体发展缓慢，近年来，种植面积有所扩大。1926 年归国华侨从马来西亚携带油棕种子在海南试种，1941 年以后又引种到云南、广东和广西等地试种，1960 年以后，油棕试种范围扩大至福建、四川和贵州等地，海南的种植面积达 36.05 万亩。华南热带作物研究院（现为中国热带农业科学院）1990 年对海南油棕种质资源考察表明，海南仅保存油棕种植面积 5.5 万亩。目前我国的油棕种植以海南为主，在云南、广东、广西个别地方也有分布，整体呈零星分布状态。

作为油棕主产国，尤其棕榈油作为经济支柱和出口创汇的重要来源的马来西亚和印度尼西亚，投入了大量的科研力量对油棕生产亟须解决的产业和科学问题开展了系统的研究，取得了一系列的成果。但整体研究基础较为薄弱，尤其是种苗繁育、高效栽培、果穗采摘及病虫害防控等限制产业发展的关键生产技术研究和利用较为落后，标准化程度低，不能支撑产业快速发展。

优良种苗的繁育是油棕生产的关键环节，如果种苗的质量难以保证，劣质种苗定植大田后对油棕的生长和产量的影响会非常大，损失难以估量，并且增加种苗培育的管理及土地成本，开展油棕健康种苗培育技术研究对于保障种苗供应质量和控制育苗成本十分重要。水肥管理和林下间作等栽培技术的优化和推广，是提高油棕产量和效益的关键。随着油棕产业的快速发展，病虫害发生的种类和危害程度也日趋增加，严重时可导致减产 10% 以上，已成为产业上亟待解决的关键问题之一。目前国内外油棕生产采果主要依靠人工来完成，人工作业劳动强度高、效率低，且专业采收工雇工困难，采收成本占到总成本的 50% 以上，通过集成智能化和自动化技术，开发出轻简型油棕高效采果装备实现采果智能化、自动化是解决当前产业“卡脖子”问题的关键举措。

为了推动油棕产业的发展和提质增效，中国热带农业科学院椰子研究所组织科技人员编写了《油棕生产关键技术》一书，主要介绍油棕种苗繁育技术、高效栽培技术、病虫害防控技术和机械采收生产技术等生产关键技术研究进展，可使相关的科研人员和从业者能够了解世界及我国油棕产业生产中亟待解决的关键技术及目前的发展水平，对油棕生产关键技术的突破、优化和示范应用具有重要意义。

本书由曹红星、吕朝军、付登强主编。第一章由曹红星、张健啡、周丽霞编写，第二章由曹红星、叶剑秋、李睿、李启冀编写，第三章由付登强、张健啡、刘小玉、李欣瑜、黄汉驹编写，第四章由吕朝军、牛晓庆编写，第五章由邓怡国、陈沛民编写。全书由曹红星统稿。

本书在编写过程中参考并引用了部分国内外已公开发表的文献资料，为了全书的统一，编者对有关参考文献和资料中的术语进行了规范化处理，对部分语句进行了审慎调整。在此，向有关作者表示衷心感谢。

尽管编者进行了大量细致的撰写和修改工作，但由于时间仓促、资料及编者自身水平的限制，书中难免存在一些疏漏和不足，谨请有关专家、学者及科技人员不吝赐教并提出宝贵意见及建议。

中国热带农业科学院椰子研究所

2024 年 6 月

目录

Contents

第一章

油棕简介

第一节 油棕特性

油棕（*Elaeis guineensis* Jacq.）为棕榈目（Arecales）棕榈科（Arecaceae）油棕属（*Elaeis*）的非洲油棕榈种，属多年生单子叶植物，种子含油率高达50%，是世界上产油效率最高的热带木本油料作物之一，被称为“世界油王”，又称油椰子，其经济寿命为20～30年，自然寿命可达100多年。主要产品棕榈油和棕仁油除了供食用外，还可制造高级人造奶油、肥皂、工业防锈剂及润滑油等；副产品茎叶、果壳、油饼等还可作为原料生产活性炭、洗涤去污剂、化妆品及特种用纸等，用途非常广泛，在世界热带地区被广泛引种与栽培。

一、起源与分布

基于化石、历史和语言方面的考证表明，油棕起源于非洲，大约在公元前3000年，为几内亚湾沿岸及刚果盆地热带雨林中的野生植物。在尼日尔河三角洲的中新世及更幼的地层中发现的花粉化石与现今生长的油棕的花粉相似，证明了其很早就在西非分布；在历史记载中，1435—1460年在几内亚海岸航海首次发现油棕树；在语言学方面，油棕地名被称为dende，它可能是从非洲安哥拉Kimbundu语ndende一词衍生而来。

油棕分布范围广泛，主要分布于南纬10°至北纬15°的亚非拉热带地区，包括亚洲东南部，非洲西部和中部，南美洲北部、中部和大洋洲西南部。目前世界上种植油棕的国家有44个，具体包括印度尼西亚、马来西亚、尼日利亚、泰国、哥伦比亚、科特迪瓦、加纳、几内亚、刚果（金）、巴布亚新几内亚、喀麦隆、厄瓜多尔、洪都拉斯、危地马拉、巴西、墨西哥、哥斯达黎加、秘鲁、菲律宾、多哥、中国、塞拉利昂、柬埔寨、委内瑞拉、贝宁、尼加拉瓜、巴拿马、安哥拉、所罗门群岛、多米尼加、利比里亚、巴拉圭、刚果（布）、塞内加尔、几内亚比绍、布隆迪、加蓬、坦桑尼亚、赤道几内亚、冈比亚、马达加斯加、圣多美和普林西比、中非、苏里南。

油棕于1848年和1870年被作为观赏植物和行道树分别引入东南亚的印度尼西亚和马来西亚，直到1911年开始商业化种植，由于气候条件得天独厚，东南亚油棕产业迅速发展，目前占总油棕种植面积的80%，成为世界最大的油棕种植区。南美洲油棕种植始于1943年，但整体发展缓慢，近年来，种植面积有所扩大。20世纪初油棕才开始在非洲地区进行商业性栽培，70年代以前，非洲为主要产区，但品种落后，栽培管理水平低，目前大多处于半野生状态。

1926年归国华侨从马来西亚携带油棕种子在海南试种。1941年以后又引种到云南、广东和广西等地试种。1960年以后，在福建、四川和贵州等地进行试种，仅海南的种植面积达36.05万亩。据华南热带作物研究院（现为中国热带农业科学院）1990年对海南油棕种质资源考察发现，仍保存的油棕种植面积5.5万亩。目前我国的油棕种植以海南为主，在云南、广东、广西个别地方零星分布。

二、植物学特征

油棕植株直立，乔木。须根系。茎干直立，圆柱形。叶簇生于茎顶，羽状全裂，羽片外向折叠，线状披针形，叶轴下部的羽片退化为针刺。花单性，雌雄同株，但生于不同的花序上；花序腋生，分枝短而密，总花梗短，为疏松的苞片状佛焰苞所承托；雄花序由几个呈指状排列的穗状花序组成，其上密生雄花，小穗轴顶端突起呈尖头状；雄花萼片 3 片，离生，长圆形或披针形，花瓣 3 片，离生，长圆形，雄蕊 6 个，花丝基部合生成坛状，顶端分离；雌花序近头状，雌花下着生 2 个急尖或具刺尖的小苞片，萼片和花瓣各 3 片，卵形或卵状长圆形，花后增大；子房卵形或近圆柱形，3 室，但通常有 1～2 室不发育，花短柱，柱头 3 枚，线形。果穗呈卵形，由果柄、果穗轴、小穗、小穗刺和果实组成，黑果型未成熟果实的颜色呈黑色，成熟的果实呈橙红色。果实形状呈卵形或椭圆形，外果皮光滑，中果皮厚，肉质，具纤维，内果皮骨质，坚硬，顶端有 3 个萌发孔，胚乳均匀，胚近顶侧生。绿果型未成熟果实的颜色呈绿色，成熟的果实呈橙黄色。果实形状呈长卵形，外果皮光滑，中果皮厚，肉质，具纤维，内果皮不明显。油棕的植物学特征如图 1-1 所示。

植株

雄花

雌花

果穗

果实

果实剖面

图 1-1　油棕的植物学特征

三、生长习性

油棕作为一种典型的热带作物，其生长特性与光照、温度、降水量、土壤类型和海拔等密切相关。

（1）光照

油棕属喜光植物，每日平均 5 小时以上日照情况下生长较好。

（2）温度

油棕性喜高温多湿的气候。日均温在 18℃以上才开始生长，最适生长温度为 24～27℃。

（3）降水量

油棕喜高温多雨，要求年降水量 1 500 毫米以上，以年降水量 2 000～2 500 毫米最为适宜。

（4）土壤

油棕对土壤适应性较广，对地形要求不高，pH 值 5～5.5 土壤较为合适。

（5）海拔

油棕主要种植在海拔 300 米以下的低地，在南北纬 20° 之间、海拔 1 500 米以下的地区也有分散种植。

四、繁殖方法

油棕属异花传粉植物，主要借助风力传粉（风媒花）、昆虫（如油棕传粉象甲、蚂蚁）和人工授粉等方式传粉。风媒授粉易受自然环境条件影响，授粉不均匀，有部分雌花会因授粉不完全而发生败育。人工授粉效率虽然比风媒高，但易受株高、劳动力及资金成本的限制。虫媒授粉效率高成本低，但难以控制花粉来源和授粉时间。

目前，最高效、安全的传粉方式是油棕传粉象甲授粉，已发现的油棕授粉昆虫多达 30 余种。其中较为常见的是油棕传粉象甲（*Elaeidobius kamerunicus*）。早期油棕在很长一段时间内被认为主要是风媒授粉，后来研究人员在油棕的原产地喀麦隆发现了油棕传粉象甲。1980 年 7—10 月，油棕传粉象甲被引入马来西亚，经该国农业部严格检疫后于 1981 年释放到油棕园。此后当地油棕种植授粉成本急剧降低，而产量和品质都有了极大的提升，随后多个国家大量引入油棕传粉象甲取代人工授粉。油棕传粉象甲具有很高的繁殖能力，它们以失去活力的雄花花粉为食，雄花开放期间释放出强烈大茴香气味吸引油棕传粉象甲，因而其携带大量有活性的花粉，雌花开放时释放出与雄花相似的气味香味，引诱它们造访，且因其体型很小的缘故可以对内层雌花授粉，授粉效率高。研究表明，象鼻虫授粉可以提高油棕坐果率约 20%。生产中如需实现控制杂交授粉和制种，还需依靠人工控制授粉，以便实现对授粉时间和花粉来源的控制。

（一）油棕花粉活力和柱头可授性

授粉是果实和种子形成的关键步骤。柱头与花粉是否亲和、花粉活力和柱头的可授性强弱、授粉时间、授粉方式均是影响授粉成功率及果实和种子产量与品质的关键性因素。授粉受精过程中花粉须具有活力，柱头可授性则直接关系到受精过程能否顺利完成。为确定对油棕适宜授粉的花期特征，对厚壳种、薄壳种和无壳种油棕 3 种不同果壳类型油棕花粉活力及可授性的比较研究，确定了不同花期阶段的分级标准。花粉从开始散粉（第 1 天）到完全散粉（一般 5～7 天）的时间段进行，雌花则从开花前 1 天至开花后第 6 天。雌花序按其发育进程可划分 5 个时期，即第Ⅰ期（显花期，花前 1～2 天）：心皮全为花被所包裹；第Ⅱ期（初花期，开花第 1 天）：心皮从花被中长出来，三裂片微张开；第Ⅲ期（“Y”形期，开花后 2～3 天）：三裂片开张角度增大；第Ⅳ期（翻卷期，开花后 4～5 天）：裂片角度更大，且顶端翻卷；第Ⅴ期（萎蔫期，开花后 6 天及以后）：心皮颜色变褐，开始萎蔫（图 1-2）。

通过不同果壳类型油棕雄花在不同开放状态下花粉活力不同花期和雌花柱头可授性变化研究发现，在雄花序散粉第二至第四天采集的花粉活力较强，因此应在此时期取花粉并保存。无壳种和薄壳种的雌花序在开放后第Ⅲ期可授性最强，而厚壳种则是在花开放后的第Ⅳ期可授性最强，即为最佳授粉期，此时接受花粉的能力最强。花苞开放前其佛焰苞明显鼓大，雄花开放可持续 20～30 天，授粉能力保持 10～20 天，雌花开放可持续 15～20 天，柱头活性 5～7 天内保持较高的活性，以开花后 2～3 天活性最强。

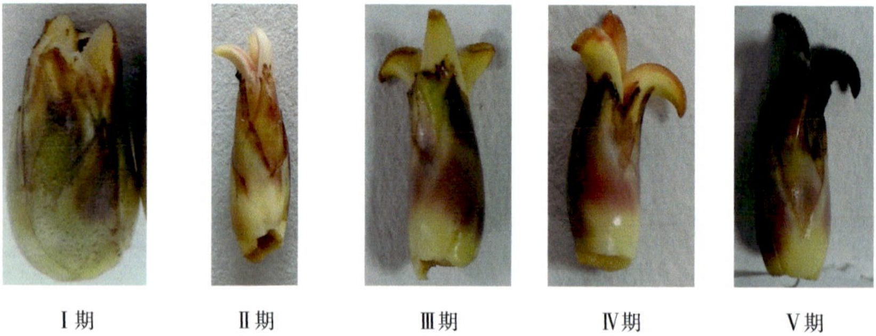

图 1-2　单个雌花和相应的柱头时期

（二）人工授粉

1. 花期调查及亲本选择

油棕花苞开放前其佛焰苞明显鼓大，雄花开放可持续 20～30 天，授粉能力可持续 10～20 天，雌花开放可持续 15～20 天，授粉能力可持续 5～7 天。亲本树龄在 8 年以上，父本为无壳种，母本为厚壳种，且亲本产量和抗性等主要性状表现优异，矮化、早结、果柄长等次要性状较好，遗传背景来源清楚。

2. 雄花序套袋

制作制种袋：雌花序所用的套袋材料为涤纶材料，宽 48～51 厘米，长 73～76 厘米，在背面和正面的顶部都开设观察窗，观察窗为透明塑料，镶嵌于“U”形袋口上，再以橡胶垫作为注射口镶嵌于观测窗上。该制种袋可以有效防止昆虫进入和花粉污染，保证雌花能与目的花粉混合均匀。

雄花序套袋：在父本雄花序始花期前 7 天对雄花序套袋，套袋前用 75% 酒精均匀喷施花序各部位，用袋套住整个雄花序，在袋口放少量脱脂棉，脱脂棉上放少量蚂蚁药，收紧袋口并用细绳扎紧，挂上标签并注明父本编号及套袋时间。

3. 雌花序套袋

在母本雌花序花期前 7 天对雌花序套袋，剪掉雌花序上的佛焰苞，其他操作步骤参考雄花序套袋。

4. 花粉采集

花粉的采集质量对授粉结果有直接影响，是杂交制种的关键步骤。采集盛花期的雄花，使用一张大纸或者绝缘材料做成的包，将整个雄花套入其中，摇动花柄以获得花粉，或者连袋砍下整个花序带进室内，6 天后连袋倒立并拍打花序收集花粉，盛放于培养皿中（图 1–3）。雄花比例和花粉量会因树龄不同而异，旺产期的油棕树开出的雄花花粉量最多，幼龄树和老龄树花粉量稍低。

雄花序

花粉过筛

图 1–3　花粉采集

5. 花粉保存

分别将花粉放置于常温（CK）、4℃、-20℃进行保存，观察不同时间点花粉活力情况，结果表明4℃保存的花粉活力较高，存放效果较好（表1-1）。

表1-1 不同存放温度下花粉活力 单位：%

存放温度	存放时间				
	3小时	10小时	20小时	35小时	48小时
常温（CK）	90.5	81.0	85.7	65	60
4℃	90.5	86.6	80	70.6	66.7
-20℃	78.3	73.3	72.7	64.8	53.3

所以，雄花要在天气晴朗上午10：00采收，在4℃保存，以授粉时备用。

6. 花粉稀释

花粉稀释，也称花粉调配，应用于大田增产的花粉不使用纯花粉，一般使用滑石粉进行稀释，稀释比例推荐1∶20，在稀释之前，需要对储存的花粉的活力进行测试，一般只要有10%的花粉具有活力，都可用于授粉。

7. 人工授粉

在雌花序开花期的静风或微风的晴天全天均可进行授粉，但以上午10：00前授粉效果最好。在授粉前，先处理掉老叶基部的残叶与授粉花序周围的纤维和刺。将1份花粉掺入7～10份细滑石粉并混合均匀，然后装入授粉器内，低树可用手持授粉器，将制备好的花粉对开放的雌花进行喷粉，以使花粉落在所有的花朵上，到可见白色花粉和滑石粉混合物为宜。授粉完成后，用透明胶带粘牢制种袋观察窗上的小孔。在授粉3天后观察时，柱头若呈现白色或米色，可进行第二次授粉。授粉后15天摘掉制种袋，标签挂在果穗上。对于树冠比人高的油棕树，可用长柄授粉器；树再高时，可用喷粉机（图 1–4）。

图 1–4　油棕人工授粉

8. 授粉后管理

人工授粉后要加强对油棕的水肥管理，避免因养分供应不足造成早衰和产量降低。增加钾、磷等养分可支持果实的发育和成熟。保持适度的土壤水分。加强监测和防控，及时处理可能侵害果穗的病虫害。及时去除发育不良、受损或多余的果穗，保证剩余果穗的养分供应和良好发育。在易受风灾的地区，采取适当的防风措施，减少风对果穗的损害。

第二节　油棕经济和社会重要性

一、棕榈油在全球植物油生产上占据主导地位

根据美国农业部（USDA）预测数据，2023/2024 年度全球植物油产量为 2.23 亿吨，同比增长 2.90%。分类别来看，前三大植物油脂种类依然为棕榈油、大豆油和菜籽油，占植物油比重分别为 35.6%、27.7% 和 14.8%。从结构上看，目前棕榈油已然成为全球产量第一大油脂，2023/2024 年度产量 7 946 万吨，其次产量较高的品种分别为

大豆油和菜籽油，产量分别达到 6 193 万吨和 3 306 万吨，三大油脂合计产量 1.74 亿吨，占植物油总产量超过 78%。全球棕榈油的主要生产地集中在印度尼西亚和马来西亚等国家，目前印度尼西亚已成为第一大棕榈油生产国。

从贸易端口来看，据美国农业部预测，2023/2024 年度棕榈油出口量达到 5 071 万吨，占植物油贸易总量约 56.4%，其次为葵花籽油和大豆油，出口量分别为 1 382 万吨和 1 150 万吨，占比分别为 15.4% 和 12.8%，而大豆油和菜籽油较大部分贸易量是以原料形式出口，如 2023/2024 年度大豆和菜籽出口量将分别达到 1.68 亿吨和 1 689 万吨。从库存方面看，2023/2024 年度全球棕榈油期末库存为 1 607 万吨，较 2022/2023 年度下降了 5.75%，近五年期末库存整体呈现出区间波动态势。从库消比来看，在 2021/2022 年度达到最高 23.19%，随后逐步下降，2023/2024 年库销比为 20.53%。

全球油脂消费增长与产量基本类似。2023/2024 年度，全球植物油消费量为 2.18 亿吨。从消费结构上来看，第一大油脂仍为棕榈油，消费量为 7 799 万吨，大豆油和菜籽油的消费量分别为 6 072 万吨和 3 282 万吨，三大油脂消费量合计占比为 78.7%，其中棕榈油占比为 35.8%。

棕榈油作为主要的食用植物油脂之一，其使用已超过五千年。油棕的主要产品是棕榈油，其果肉、果仁含油率均在 50%左右，单位面积产油量远远超过大豆、花生和油菜等油料作物，且油质稳定性好、维生素含量高，以其独特的营养成分、相对低廉的市场价格，为众多行业所青睐，广泛应用于食品及化工等领域。因此，棕榈油作为重要的热带木本油料作物，是世界上生产量、消费量和国际贸易量最大的植物油品种之一，在全球植物油生产和食用消费上发挥重要作用。

二、棕榈油在我国植物油供给上发挥重要作用

（一）我国棕榈油供需

我国主要的食用油有大豆油、棕榈油和菜籽油三大类，分别占比为 47%、23% 和 14%。我国棕榈油供给全部靠进口。根据 USDA 数据显示，在 2020/2021 年度印度尼西亚实行出口管制政策导致我国进口量降为 438.7 万吨，随后印度尼西亚调整出口政策并增加对华出口，2021/2022 年进口量 650 万吨，同比增长 48.2%。2022/2023 年度我国棕榈油进口量达到 670 万吨，同比增长 3.1%。2024 年 4 月我国棕榈油进口量为 15 万吨，同比减少 34.4%。2024 年 1—4 月我国棕榈油累计进口量为 70 万吨，同比减少 43.3%。我国棕榈油进口来源国印度尼西亚和马来西亚占比分别约 76% 和 23.9%，约占总量的 99%。

印度尼西亚和马来西亚均是太平洋岛国，经常面对相同的自然灾害，一旦在棕榈油生产季节出现较大规模的自然灾害，两国的棕榈油供应都将遭受巨大冲击，会导致国际棕榈油供给出现大幅波动；另一方面，受当地通货膨胀和国际资本影响，两国尤其是印度尼西亚的对外出口政策多变，给我国棕榈油进口会带来一定的影响。所以我国棕榈油进口贸易仍存在较高的风险。基于棕榈油贸易格局的集中趋势，我国植物油贸易与产业面临着挑战与机遇并存的局面。

因此，我国应积极采取包括棕榈油在内的植物油双边及多边贸易合作，利用地缘政治优势和《区域全面经济伙伴关系协定》（RCEP）贸易规则提高我国食用油进口影响力；鼓励农业企业走出国门，提高供给链控制能力；大力发展我国油棕产业，提升国内油脂供给能力等措施。其中，通过我国企业“走出去”在印度尼西亚发展油棕种植

业，是缓解我国食用植物油供给压力的有效途径。

（二）国内棕榈油消费稳步增长

中国作为棕榈油的进口和消费大国，年进口量和年消费量分别占全球的 11%～15% 和 7%～10%。近些年，国内棕榈油消费量与进口量呈现出较强的正相关性，主要依赖进口量变动。2021/2022 年度中国棕榈油消费 600 万吨，同比增长 17.6%。2022/2023 年度继续增长 5.0%，达到 630 万吨，占全球棕榈油消费的 8%，其中工业消费 250 万吨，占总消费量 39.7%；食用消费 380 万吨，占总消费量 60.3%。2024 年 1—5 月国内棕榈油消费量为 135 万吨，同比减少 58 万吨，降幅 30.0%。2024 年 6 月，国内棕榈油进口量 37.36 万吨，环比 5 月增幅 55.29%，同比 2023 年 6 月进口量增加 6.35 万吨，增幅 20.50%。6 月 27 日，全国港口 24 度棕榈油成交量 1 040 吨，环比上个交易日增加 766.67%。有分析称 6 月、7 月棕榈油买船较多，但由于产地运力紧张，船期后移导致棕榈油阶段性供应偏紧，后期国内到船增多，供应存宽松预期。8 月由于开学季以及节日备货需求拉动，棕榈油需求好转，但下半年来看，国内棕榈油供应增量或大于需求增量，港口库存或呈缓慢回升趋势。

（三）用途广泛

棕榈油由棕榈果压榨而成，果肉和果仁分别产出棕榈油和棕仁油（图 1–5），传统概念上所指的棕榈油只包含前者。棕榈果经水煮、碾碎、榨取工艺后，得到毛棕榈油，毛棕榈油经过精炼，去除游离脂肪酸、天然色素、气味后，得到精炼棕榈油（RBD PO）及棕榈色拉油（RBD PKO）。根据不同需求，通过分提可以得到 24 ℃、33 ℃、

44 ℃等不同熔点的棕榈油（图 1–6）。棕榈油含有多种维生素，精炼后是营养价值极高的食用油脂，棕榈油具有凝固点高、稳定性强、不含反式脂肪酸、干燥速度快等特点，可取代氢化油成为食品专用油脂的主要基料油，可制造人造奶油、肥皂、润滑油等，既是纺织业、制革业的辅助剂等，也是制造生物燃油的理想原料；果仁榨出的棕仁油味美，是月桂酸的主要来源之一，除直接食用和制造人造奶油外，还用于制造高级肥皂、香皂和各种化妆品（图 1–7 至图 1–10）。研究表明，在鱼类饲料中，以一定比例或全部量的棕榈油替代鱼油能够对养殖鱼饲喂达到良好效果，并减少成本。

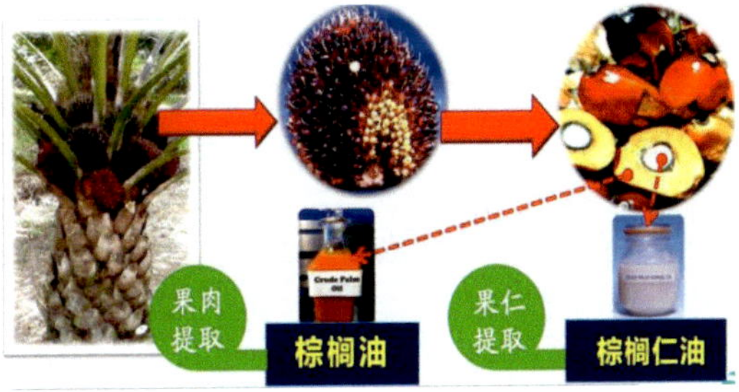

图 1–5　油棕果生产棕榈油和棕仁油

（图片来源：百度文库）

图 1–6　棕榈油生产过程

（图片来源：百度文库）

棕仁油的物理化学性质与棕榈油差异较大，但与椰子油相似，都是月桂酸的含量高。棕仁油作为棕榈油的伴生产品，新鲜的棕仁油呈乳白色或微黄色，具有令人喜爱的核桃香味。与其他植物油相比，棕仁油产量高，价格低廉，营养价值高，具有良好的热稳定性和可塑性，广泛应用于人造奶油、起酥油等专用油脂中。通过对棕仁油结晶过程温度控制进行分提，可获得不同性质的油脂，如棕仁液油，棕仁硬脂等。每种油脂单独使用或者复配使用可获得独特的理化性质，给予产品良好的加工特性。近年来，国际椰子油市场价格不断上涨，而国际棕仁油价格稳中有降，并且棕仁油产量随着油棕业的发展而稳定增长，为其代替椰子油在人造奶油中进一步广泛应用提供可能，具有可观的经济效益。

棕榈粕是棕榈仁浸提取油后的副产品，具有产量丰富、营养价值高、成本低廉且抗营养因子含量较低的优点，是很好的饲料和肥料，棕榈粕在反刍动物饲料中使用较广泛，如在牛、羊的饲料中可添加 10%～30%，蛋鸡饲料中可添加 3%～7%，肉鸡饲料中可添加 1%～5%，猪饲料中可添加 5%～9%，鸭饲料中可添加 3%～7%。果壳可制活性炭，用作脱色剂和吸毒剂。脱果后的空果穗可作肥料、燃料发电等。树干可以做木材。废弃的叶柄可做成纤维用来制造绳子。未成熟的花序割开后流出的汁液，可酿酒、制糖和加工饮料。

图 1-7　棕榈油是食用油的重要组成部分

（图片来源：百度文库）

图 1-8　棕仁油是油脂化工的主要原料

（图片来源：百度文库）

图 1-9　棕榈油是食品专用油脂的主要原料

（图片来源：百度文库）

图 1-10　棕榈油可为生物柴油的生产提供原料

（图片来源：百度文库）

参考文献

闭然，叶继丹，2024. 棕榈油在鱼类配合饲料中应用的研究进展[J/OL]. 中国饲料，[2024-07-03].https：//doi.org/10.15906/j.cnki.cn11-2975/s.2023060049-06.

曹建华，李晓波，林位夫，等，2010. 油棕人工授粉与风媒授粉比较研究[J]. 热带作物学报，31（03）：339-344.

陈伟文，曾宪海，李炜芳，等，2022. 广东油棕居群地土壤特性对油棕生长和产量的影响[J]. 分子植物育种，20（17）：5884-5893.

邓天瑞，殷福珊，1999. 棕仁油—生产，性质，用途[J]. 日用化学品科学，3：5-8.

蒋睿珂，张雨书，曾宪海，等，2023. 不同添加比例油棕叶对发酵型全混合日粮营养成分、发酵品质及其对海南黑山羊饲喂效果的影响[J]. 黑龙江畜牧兽医，24：94-100.

焦方贞，2016. 温度、湿度对油棕象甲实验种群生长发育及繁殖影响的研究[D]. 海口：海南大学 .

李元元，2018. 油棕授粉生物学特性及其相关基因的表达分析[D]. 海口：海南大学 .

李元元，曹红星，李新国，2018.3 种果壳类型油棕花粉活力及柱头可授性的比较[J]. 热带作物学报，39（03）：459-464.

林以运，2017. 油棕花粉萌发及相关基因表达验证研究[D]. 海口：海南大学 .

刘养洁，1998. 世界油棕生产的地理扩散与发展趋势[J]. 山西师大学报，12（1）：68-72.

农业农村部农垦局热作处，2023. 热作产业国际合作十大案例[J]. 中国农垦，8：4-10.

潘衍庆，1998. 中国热带作物栽培学[M]. 北京：中国农业出版社 .

石鹏，王永，张大鹏，2021. 油棕果实发育及中果皮内含物含量和抗氧化酶活性的变化规律[J]. 南方农业学报，52（4）：1050-1057.

宋远萍，1990. 棕榈油和棕仁油在制皂中的应用[J]. 日用化学工业，5：13-14.

魏翠平，王瑛瑶，栾霞，2011. 人造奶油研究现状及其制备技术[J]. 中国食物与营养，17（6）：32-35.

严茂林，施文华，周晓亮，等，2023. 全球棕榈油贸易格局演变及政策启示[J]. 中国油脂，48（10）：93-100.

秧石航，司敬，刘峰，等，2024. 棕榈粕及其发酵饲料在动物生产中的应用进展[J]. 饲料研究，47（3）：159-164.

杨程，张淑岩，韦露，等 . 薄壳种油棕果实发育和采后脂肪酸合成转录代谢差异分析[J/OL]. 分子植物育种，1-22[2024-07-02].http：//kns.cnki.net/kcms/detail/46. 1068.S.20230612. 1612. 020.html.

杨和鼎，1996. 热带作物栽培学各论[M]. 北京：中国农业出版社 .

杨蒙迪，2021. 油棕雌蕊授粉后生理及转录组分析[D]. 海口：海南大学 .

杨蒙迪，金龙飞，周丽霞，等，2021. 油棕 Aux/IAA 基因家族鉴定与生物信息学分析[J]. 分子植物育种，19（5）：1451-1465.

杨蒙迪，赵慧，曹红星，2019. 油棕授粉生物学的相关研究进展及展望[J]. 热带农业科学，39（2）：51–55.

姚伯龙，蒋敏海，2001. 棕榈油和棕仁油的地位和现状[J]. 食品与机械，6：4–5.

岳建军，2014. 油棕象甲生物学特性及其授粉行为研究[D]. 海口：海南大学 .

云南省植物研究所，1973. 云南经济植物[M]. 昆明：云南人民出版社 .

曾尊固，文云朝，1982. 油棕史话[J]. 世界农业，9：52–54.

张锋，王俊峰，许育文，2023. 东南亚地区油棕产业 SWOT 研究[J]. 热带农业工程，47（6）：22–25.

张瑞华，羊银，郭世杰，等，2024. 棕仁油取代椰子油生产人造奶油的研究[J/OL]. 中国粮油学报，[2024–07–03].https：//doi.org/10.20048/j.cnki.issn.1003–0174.000862.

张岩彬，董延江，贾泽琪，等，2024. 替代豆粕蛋白饲料原料的营养价值及利用研究[J]. 粮油与饲料科技，1：151–153.

ARHIAN V，HERUMURTI S，MAULANA H，et al.，2024. Development of Palm Oil Plantation By-products in Sintang District to Support SISKA Program and Environmental Health[J].IOP Conference Series：Earth and Environmental Science，1360（1）：12038.

ARIAS L E，ARIAS L J，VARGAS B S，et al.，2024.Determinants of the competitiveness of world palm oil exports：A cointegration analysis [J].Transnational Corporations Review，16（3）：200063.

CHAPMAN K R，RICARDL E，PETER G，2003. Cold Tolerant or Altitude Adapted Oil Palm Hybrid Development Initatives in the Asia/

pacific Region[J]. AU J.T., 6（3）: 134–138.

ENH M A，MUSTAFA H，AHMED F，et al.，2024.Impact of the Russia–Ukraine conflict on the quality and quantity of Malaysia' s palm oil production：A time series analysis.[J].Plos One，19（5）: e0302405–e0302405.

GINTING N E，ANWAR S，NUGROHO B，et al.，2024.Dataset from an investigation of the effect of natural zeolite particle size reduction as a material for the manufacture of slow–release potassium fertilizer in oil palm seedlings growth with peat soil planting media[J].Data in Brief，55：110556–110556.

JAMIL M，ASROL M，2024.Palm Oil Sustainability：Current and Further Potential Research to Adopt Sustainable Development Goals 2030[J].IOP Conference Series：Earth and Environmental Science，1324（1）: 12077.

NG S K，1972.The Oil Palm，Its Culture，Manuring and Utilisation[M]. Berne：International Potash Institute.

REES A R. 1965. Evidence for the African origin of the oil palm[J]. Principes，9：30–36.

TENORIO O L M，PRIETO C M C，UNIVIO L C N，et al.，2024.Bioactive compounds in palm oil：A comprehensive review of recent advances in physicochemical characteristics，health–promoting properties and technologies for extraction，concentration，fractionation，encapsulation and functional food applications[J]. Journal of Food Composition and Analysis，132：106306.

YU H，FU D，YUAN Z，et al.，2024.Regimes of global and national oil palm cultivations from 2001 to 2018[J].Global Environmental Change，86：102845.

ZEVEN A C，1964. On the Origin of the Oil Palm（Elaeis Guineensis Jacq.）[J]. Grana Palynologica，5（1）：121-123.

第二章

油棕种苗繁育技术

第一节　油棕种苗繁育技术

油棕的自然寿命长达100年，经济寿命一般为20～30年，需定期更新，而其品种特性通常需要定植4～6年后才会逐渐稳定。因此，优良种苗是发展油棕种植业的重要前提和保障，油棕繁殖主要有有性繁殖和无性繁殖两种途径，目前生产上种苗繁育以种子种苗繁育为主。油棕种子萌发周期长（90～120天）且萌芽率低（50%～70%）。此外，油棕种苗的标准出圃时间为12～14个月，过早或过迟定植均会影响其后续生长，并且会增加种苗培育管理成本及土地成本，开展油棕健康种苗培育技术研究对于保障种苗供应质量和控制育苗成本十分重要。

优良种苗是油棕产业发展的基础，是油棕生产中非常重要的关键环节，然而，油棕作为异花授粉作物，杂交种果表现出的高度杂合性，授粉过程不均匀，导致种果发育程度不一致，种果还可能存在发芽率低或产生幼苗质量差等情况，劣质种苗定植大田后对油棕的生长和产量的影响非常大，损失难以估量。随着油棕产业对种苗需求量的日益增加，种子种苗的繁育技术也在不断进步，催芽苗床与育苗袋也有改进，直接在苗床上育苗，生产的种苗细高、瘦弱，成活率很低，并严重影响后期的生长和产量。利用袋装育苗换袋和定植，对根系的损伤小，容易培育壮苗，定植成活率高。另外，种果处理的方法和效果各异；育苗期荫蔽度的大小对幼苗生长的影响，做法各异。通过研究优良油棕种果的筛选及处理、种子保存与催芽、育苗基地的选择、播种育苗、苗圃地管理、换育苗袋、炼苗和种苗出圃的筛选标准等各项技术要求，不断优化改进，确保优良种子种苗的繁育。

研究表明，油棕杂交育种培育新品种周期大约需要19年，包括田间观察、表型选择、株系之间的杂交和评估。营养繁殖是促进育种遗传多样性同时保存具有优良种质的基因型的有效方法，油棕目前尚未能通过分蘖繁殖等方式进行营养繁殖，油棕营养繁殖只能通过组织培养实现，通过组培繁育优良育种材料是大规模生产具有与目标性状一致种苗的主要途径，组培苗具有显著产量等优势，其生产力和种苗质量比传统育种手段生产的植株明显提高，田间规模化试验表明，种植油棕组织培养克隆与商业化推广的D×P薄壳种杂交种子相比，产量显著提高了30%。近30年，植物细胞、组织和器官培养技术发展迅速，成为农业、园艺、林业等领域的主要生物技术工具。组织培养技术解决了传统育种技术中存在的许多问题，可提供合适的营养介质和环境条件，使植物在试管或封闭容器等体外受控环境下生长，使植物细胞免受微生物的侵害等。如今，植物组织培养技术已广泛应用在油棕育种中。

油棕组培育苗具有诸多优点，在高效快速、品种一致性、提高产量、适应性和经济效益等方面都具有显著优势，这些优势使组培苗在油棕产业发展中具有重要的地位和作用。

第二节　油棕种子种苗繁育技术

一、油棕种子种苗繁育技术交流学习

中国热带农业科学院椰子研究所油棕研究中心长期从事油棕种子种苗繁育技术研究，该中心成员分别赴马来西亚、印度尼西亚、泰

国、巴布亚新几内亚、哥斯达黎加、尼日利亚和科特迪瓦等油棕原产地或生产国进行考察学习，与相关科研人员就油棕杂交育种、种子催芽技术和育苗等相关问题进行探讨和交流学习（图 2-1、图 2-2）。

采回种果

带标签的种果

脱果机脱粒

脱好的果粒

脱掉果肉

脱果机去果肉

种子清洗

种子浸水

种子分拣

种子晾干

干热处理

分拣包装

图 2-1　油棕催芽技术的交流和学习

穴盘育苗

4 个月苗

8 个月苗

12 个月苗（可出圃）

图 2-2　油棕育苗技术的交流和学习

二、油棕种子种苗繁育技术规程研究

（一）苗圃地选择

选择交通方便、地势平坦、避风、灌溉水源充足、排水良好的地段作为苗圃基地，环境空气、灌溉水和土壤质量应符合《无公害农产品　种植业产地环境条件》（NY 5010—2016）的要求。

（二）苗圃规划

1. 道路系统

苗圃内部和对外运输的主干道，宽约 4～6 米；与各培育区相连接的二级路，宽约 4 米；沟通各培育区的作业路，宽 0.6～2 米。

2. 排灌系统

推荐采用喷灌系统；排水系统设置明沟，宽 50～60 厘米。

3. 苗圃功能区划分

小苗区：从播种至 3 片叶阶段。培育区面积以 1 亩（1 亩 ≈667 平方米，全书同）为宜，区内划分苗床与步道，苗床宽 120～130 厘米，长依地形而定，步道 60～70 厘米；搭建阴棚，棚高 1.8～2.0 米，棚顶与四周覆盖透光度为 70% 的遮阳网。

大苗区：3 片叶阶段至出圃。培育区周围营造 2 米以上高的防风林，区内划分苗床与步道，苗床宽 5～8 米，长依地形而定，苗床间距 2 米。

附属设施：包括防护林、道路、绿化带、办公室区、库房、排灌设施和废物处理区等附属设施，其建设应符合《林业苗圃工程设计规范》（LY 1128—92）的要求。

4. 育苗容器

小苗培育阶段可选择 32 孔，深度 110 毫米（底径 2×2 口径，6 厘米 ×6 厘米），厚度 1 毫米的穴盘作为育苗容器。

大苗培育阶段可选择规格为直径 29 厘米（口径）×40 厘米（高度）塑料袋作为育苗容器。

5. 育苗基质

基质成分及配制要求：容器育苗基质、配制基质的材料、基质中肥料的具体要求参照《容器育苗技术》（LY/T 1000—2013）执行。

基质消毒：基质在使用前应充分腐熟和消毒，具体要求参照《容器育苗技术》（LY/T 1000—2013）执行。

小苗培育阶段：育苗基质按红土：河沙：椰糠：有机肥（鸡粪）=

4：2：3：1 的体积比配制，将育苗基质装至离穴盘口 1～2 厘米处，装盘时边装边压实。装好基质的穴盘成行整齐排列于苗床。

大苗培育阶段：育苗基质按红土：河沙：椰糠：有机肥（鸡粪）= 5：2：2：1 的体积比配制，将育苗基质装至离穴盘口 3～5 厘米处，将装好基质的育苗容器成行排列于苗床，每 2 行育苗容器错开摆放呈等腰三角形，容器间距 80 厘米。

（三）种果采集与种子调制

1. 杂交组合的确定及果穗和种果的筛选

油棕种子繁殖主要是通过优良的亲本组合进行杂交获得的第一代杂种，种果的筛选是获得健康种苗的关键。亲本树龄 8 年以上，父本为无壳种，母本为厚壳种，且亲本产量和抗性等主要性状表现优异，矮化、早结和果柄长等次要性状较好，遗传背景来源清楚。

在树形正常、无明显病虫害、长势健壮的杂交亲本母树上采收成熟果穗，采收后随即脱粒，从中选出发育饱满、无病虫害无缺损的果粒作为种苗繁育的种果（图 2-3）。

油棕种质资源圃

制种母株

成熟果穗

果穗筛选

图 2-3　优良油棕果穗的筛选

2. 种果处理与调制

油棕种子核壳坚硬，吸水和透气性较差，属于顽拗性种子，发芽速度慢，周期长，因此要通过催芽处理。对果粒脱果肉、种子的前处理及催芽时的温度进行试验，主要结果如下。

（1）清水浸泡处理

首先选取籽粒饱满、大小一致的种果浸放入清水中，在温度24～26℃条件下浸泡 7～14 天，待果肉逐渐腐烂变软后，将种子表面的外果皮及纤维去除，洗净表面的油脂并阴干即可进行催芽处理或短期保存，此方法容易操作，但发芽率较低，且易污染。

（2）双酸处理法

将优选后的种果依次在 18% 的盐酸及 32% 的硫酸溶液中各浸泡24 小时，捞出后用自来水冲洗掉果肉，再用 25% 多菌灵可湿性粉剂400～600 倍液浸泡 2 小时，用清水洗净后摊开自然风干 24 小时，选出籽粒饱满、大小基本一致的种子备用，该处理方法的果肉剥离周期较短且不易发生霉变，整体处理效果较好。

综上所述，双酸法处理果肉的效果较好。经调制的种子，净度达99%，发芽率 80%～85%。

3. 种子贮藏

油棕种子不耐贮藏，种子宜随处理随催芽。如需短期贮藏，通过风干法将种子含水量控制在 10%～17%，过高过低都会影响种子的发芽率，在环境温度 20～26 ℃条件下，避光保存。贮藏期间每周检查种子 1 次，以免受潮发霉，保存时间不超过 4 个月。

（四）小苗培育

1. 种子催芽

油棕种子除无壳种外，核壳坚硬，吸水和透气性能较差，属于顽拗性种子，发芽速度慢，周期长，在催芽时要去掉果肉再进行催芽处理。

在种子选择时，以挑选饱满、无病虫害、成熟度高的油棕种子为标准。具体操作步骤如下。

预处理。用清水冲洗种子，去除杂质和表面的黏液。

浸种。将种子放入 50℃左右的温水中浸泡 24 小时左右，期间换水 1～2 次，以促进种子吸水膨胀。

消毒。浸泡后的种子用 0.1% 的高锰酸钾溶液或多菌灵溶液浸泡 15～20 分钟进行消毒，消毒后用清水冲洗干净。

沙床准备。选择排水良好的沙床，沙子要经过消毒处理，厚度 15～20 厘米。

播种。将消毒后的种了均匀播撒在沙床上，种子间距 2～3 厘米，然后覆盖一层 2～3 厘米厚的细沙。

保湿保温。用塑料薄膜覆盖沙床，保持湿度在 80%～90%，温度控制在 28～32℃。

观察管理。定期观察种子的发芽情况，及时去除腐烂的种子。

操作过程消毒要彻底，要注意温度、湿度和通风管理。当种子发芽率达到一定程度（通常 50% 以上），要及时将幼苗移植到育苗床进行培育。

2. 发芽种子筛选

从经催芽种子中，挑选出芽长 1～2 厘米、芽生长健壮、无畸形、基部和根无褐变的发芽种子，对于其中有多胚芽的种子，只保留其中一个最健壮的芽，其余芽抹除。将挑选出的发芽种子装袋后写上标签，待播。经过果肉处理、催芽和发芽种子筛选，获得整齐一致的发芽种子。

3. 播种

在温室大棚内用育苗基质修筑呈苗床，苗床宽 1 米，基质厚度为 30 厘米；淋透 1 000～2 000 倍甲基托布津溶液，待晾至半干即可；所述育苗基质是由有机肥、腐熟椰糠和细粒河沙按体积比，有机肥：腐熟椰糠：细粒河沙 =1：2：4 的比例混合。

将发芽的油棕种子按照行间距 7～10 厘米，深 4～5 厘米，种子间距 1～2 厘米的规格均匀地播在苗床上，胚孔朝上，播好后再盖上一层约 2 厘米厚细沙，淋透水；在大棚顶端拉上遮阳网或用稻草、麦秸或谷壳等进行覆盖，覆盖厚度以不见土面为宜，当幼苗大量出土时，应及时分次揭除，防止引起幼苗黄化或弯曲。晴天每日淋水 1～2 次，在发芽期间，保持土壤基质湿润；棚内湿度在 75%～80%、棚内温度 28～30℃，至发芽成苗。

4. 播种后管理

（1）水分管理

根据天气、基质干湿及小苗生长情况，适当淋水保持基质湿润，一般从播后到 3 片叶阶段每天 10：00 以前、16：00 以后各淋水 1 次，以淋透整个容器基质为宜。及时排出苗圃积水。

（2）空气管理

适宜的空气湿度有助于油棕种子的萌发和幼苗的生长，相对湿度保持在 60%～80% 较为理想。在较为干燥的季节或环境中，可以通过喷雾等方式增加空气湿度。但要注意避免过度喷雾造成积水。

（3）施肥管理

油棕育苗第一个月不用施肥，从第二个月开始，即 1～3 片叶阶段，于 17 时至傍晚淋施 0.2%～0.3% 尿素水溶液，每 7～10 天洒施一次；4～5 片叶阶段，用量可加倍；3 个月后，可施用固体肥料，复合肥料配方可按氮、磷、钾和镁的质量比为 12%∶12%∶17%∶2% 组成，通常每月施肥 1～2 次，施用量开始 7～10 克 / 株，逐渐增加至 10 个月时 35～40 克 / 株，并根据土壤情况可适当加入硼或过磷酸钙。施肥后对小苗洒水。

为提高幼苗的抗寒能力，进入冬季前应适当追施钾肥，每株施用 100～150 g 草木灰；到了干旱季节（3—5 月）应追施农家肥。出圃前 1～2 个月应追施适量草木灰，使幼苗生长健壮，组织充实，以提高种植成活率。

5. 除草管理

幼苗期水分充足，杂草容易滋生，对于袋装育苗，每月施肥时轻度翻动表土，也可减少除草的工作量。

6. 病虫害防控管理

苗期通过对水肥的调控，保证幼苗的健康生长，减少病虫危害的机会。对于蚂蚁、蝗虫、蟋蟀、天牛和刺蛾等虫害，可每亩用 50% 辛硫磷乳油 30 千克拌细沙或细土 25～30 千克，在根旁开浅沟撒入药土，随即覆土或结合锄地把药土施入进行防治。为防治病害的发生，种苗出土后每隔 7～10 天喷洒一次农药，常用的农药有百菌清、多菌灵和甲基托布津等，各种农药宜交替使用，以避免病菌产生抗药性。发生叶斑病和叶枯病时可用代森锌 2.0～2.5 克 / 升液或 50% 多菌灵 1 克 / 升液进行喷洒。

（五）芽苗移栽和换袋

袋装育苗或大田育苗的苗木长出 4～5 片叶后应移栽入营养袋中，对于袋装苗，只需把小袋撕掉，把带土苗植入大袋土壤的穴中，然后用土压实；油棕从小苗到大苗（定植苗）培育过程需更换 1～2 次营养袋，在更换营养袋后，要扩大苗木间的排放距离。淋透水，置于阴棚下管理，保持营养土湿润，移栽并长出第一片真叶后，每个月施复合肥（15：15：15）5 克 / 株，每隔 1～2 个月喷施一次农药（阿维菌素 1 000 倍液 + 多菌灵 800 倍液）；种苗长到 10 片叶时移出荫棚炼苗，按照株距 50 厘米进行等边三角形摆放，直至所培育苗木可用于移栽。苗木较小时，袋间距离为 50～60 厘米，苗木较大时袋间距离为 80 厘米。在每次更换营养袋和移苗的同时，应淘汰发育不良、异常或黄化的劣质苗，苗木培育至 6 个月时，还要淘汰油棕雄株中心叶片竖直的苗木等。

（六）种苗的筛选

油棕种苗的筛选是确保油棕种植成功和高产的关键步骤。首先，要观察种苗的外观形态。健康的油棕种苗应该具有完整、饱满且无损伤的根系；茎秆粗壮、直立；叶片应颜色鲜艳、翠绿，没有黄化、斑点或病虫害的痕迹；叶片数量较多且大小适中；选择经过检疫和无病虫害感染的种苗，可以有效降低种植后病虫害发生的风险。

对于大规模种植来说，还可以采用分子标记的科学的检测方法，以确保种苗的品质和纯度。我国在生产实践中推广应用的优良种苗分级标准主要参照《油棕种苗》（NY/T 1989—2011），如表 2-1 所示。

表 2-1　油棕种苗等级质量要求

项目	指标		
	一级	二级	三级
叶片数 / 片	14～19	12～13	10～11
小叶数 / 对	≥ 23	20～22	17～19
种苗高度 / 厘米	120～150	100～119	80～99
病虫危害率 /%	≤ 2	≤ 3	≤ 5

在上述基础上，结合催芽和育苗期的管理等，建立油棕种子种苗繁育技术体系。

（七）大苗培育

1. 移栽

待油棕种苗长出 3 片叶后，把小苗连同育苗基质直接从穴盘中取出，剔除弱苗、畸形苗、病虫害苗等劣质小苗。在装好大苗育苗基质的容器中，用挖铲开一个比穴盘基质坨稍大的小穴，将穴盘苗植入小穴中，覆盖育苗基质至原基质坨表面以上 3～5 厘米，移栽后淋足定根水。

2. 移栽后管理

（1）水分管理

根据天气、基质干湿和苗木大小生长等情况，适当淋水。移栽后至苗木 4～6 片叶阶段，遇旱每周淋水 1～2 次，从苗木长出 8 片叶后至出圃前可适当减少灌水，一般容器内表层基质不干可不浇水。

（2）施肥管理

4～5 片叶阶段施用 0.4% 尿素水溶液，每周淋施 1 次。往后施用复混肥料，N：P_2O_5：K_2O：MgO 有效成分质量比为 12：12：17：2，施用量为 6～10 片叶阶段每株 3～5 克，11 片叶至炼苗前阶段每株

5～7 克，按 1∶200 的浓度配成水溶液，淋施于育苗容器中，每月施肥 1～2 次。

（3）遮阳管理

移栽后至 6 片前，搭建荫棚，棚高 1.8～2.0 米，棚顶覆盖透光度为 40%～60% 的遮阳网；苗木长至 6 片时，一般 9：00 拉上遮阳网，18：00 后再撤去，随着叶片数的增多，遮阳时间逐步缩短，阴雨天气完全撤除；持续 15 天后完全去除遮阳网。

（4）除草、松土

人工除草，或可结合施肥时轻度翻动表层基质。

（5）病害鼠害防治

加强田间管理，及时清理油棕园，减少病虫源，目前我国油棕生产上病虫害较少。

（6）炼苗

在出圃前 10～15 天开始炼苗，期间停止施肥，减少浇水，在种苗叶片不萎蔫情况下不浇水。若大苗根系穿过容器，出圃前 1 个月左右对苗木进行移苗断根，加强灌溉，防苗萎蔫，待苗木恢复正常生长后，再炼苗。

3. 种苗出圃

出圃种苗应是同一品种，外观整齐、均匀，叶片完好，根系完整，无检疫对象和严重病虫害，苗龄宜在 12～15 个月，具体质量等级见表 2-1。

（八）生产档案

对育苗过程进行详细的记载，具体育苗生产记录档案参照《林木种苗生产经营档案》（LY/T 2289—2014）执行。

（九）育苗技术的优化和利用

中国热带农业科学院椰子研究所在海南省文昌市建立了育苗基地，用于繁育优良油棕种苗，经过持续探索和优化，研究出油棕育苗的关键技术要求，如图 2-4、图 2-5 所示。

播种

穴盘育苗

一叶一心时期穴盘幼苗

三叶一心时期换袋

拉开间距

一年生幼苗（可出圃）

图 2-4　油棕种苗培育技术流程

图 2-5　种苗出圃与定植

第三节　油棕组织培养种苗繁育

油棕组织培养种苗繁育能够大量、快速且优质地培育油棕种苗，从而大幅度缩短育种、育苗时间。组培苗相较于传统苗木，表现出生长快、品种纯度高、有助于减少病虫害的传播、提高种苗的健康水平等优点，可实现工厂化生产。

在油棕组织培养中，通常会选取优良母株的特定组织，如茎尖、幼叶或胚等作为外植体。这些外植体经过严格的消毒处理，以减少微生物污染。将外植体放置在严格调配的培养基上，培养基中包含了植物生长所需的各种营养物质、激素和生长调节剂。在适宜的温度、光照和湿度条件下，外植体逐渐分化形成愈伤组织。愈伤组织进一步发育，分化出芽和根，形成完整的小植株。这些小植株经过炼苗等过程，使其逐渐适应外界环境。利用组织培养技术繁殖优良的单株，理论上可培养出大量与母株表型一致的无性系分株，从而保持了油棕优良品种的特性，为生产提供大量种苗，而且与 D×P 薄壳种杂交品种相比，使用源自优良油棕材料的克隆植株材料能够提高单位面积种植园的产量，经济优势较大。

同时，该技术也面临着挑战。例如，组织培养过程中的污染控制难度较大，需要严格的无菌操作条件。培养基配方和培养条件仍需不断试验和改进。组织培养种苗的成本相对较高，需要在技术和成本之间进一步寻求平衡。

目前油棕组织培养在种苗繁育方面的新技术包括优化的培养基配方和高效的植株再生体系等。例如，通过全基因组 DNA 甲基化关联分析（ewas）鉴定与 mantled 表型相关的表观遗传位点，对每个间隔 1～2kb 区域测量 DNA 甲基化密度，发现 ortets 和 ramets 样本 DNA 甲基化图谱中均一致的在重复序列区域中显示超高甲基化，在数千个基因位点出现差异甲基化。Khan 等（2023）全面分析了世界油棕组织培养种苗繁育的现状、面临的挑战及未来发展趋势，提到有研究对包含来自 5 个独立克隆谱遗传相同的 ortets、单性结实 mantled 和正常 ramets 三类样本进行全基因组重亚硫酸盐测序（wgbs），结果显示 mantled 样本中 karma CHG 甲基化（H=A，C 或 T）水平显著降低，揭示了约 70 个 CHG 位点的 DMR，而 CHH 甲基化程度只是略微降低。使用定量聚合酶链反应（qpcr）定量 DMR 内 BbvI 和 RsaI 限制性位点的 CHG 甲基化，对来自 21 个克隆谱和 4 个独立来源的共 49 个棕榈进行检测，线性判别分析（lda）在 mantling 检测中具有 93% 的灵敏度和 100% 的特异性。Patel M（2020）研究表明经过未成熟叶片先端组织的细胞培养和在补充激素的培养基上进行幼苗再生，可产生数以万计基因相同的克隆棕榈。Khan（2010）在油棕的组织培养研究中，发现其愈伤组织形成过程缓慢，在延长的过程中，过氧化物酶（POD）活性有下降趋势，可溶性糖开始上升，后来随着延长的时间而有所下降，电导率保持平稳；此外，分化前未褐化的愈伤组织和分化后褐化的愈伤组织对比检测发现，褐化后的油棕愈伤组织中的可溶性蛋白质含量降低，而还原糖含量增高。Ruslan 等（2005）利用未成熟胚进行油棕的遗传转化研究，发现其是一种有效的工具。Eng 等（2008）通过鉴定与愈伤形成 callogenesis 和胚胎形成 embryogenesis 相关的基因。

在我国，崔元芳等（1986）以油棕胚为外植体材料获得愈伤组织并建立植物再生体系。龚峥等（1987）开展了油棕组织培养的研究，分别以叶片和种胚诱导获得油棕愈伤组织，但未见完整油棕植株的报道。邹积鑫等（2014）以油棕叶片为外植体材料建立植株再生体系，通过研究不同取材部位、激素组合配比等对 3 个不同油棕品系叶片愈伤组织培养的影响，发现不同部位的油棕叶片以及不同品系的油棕愈伤组织诱导存在极显著差异，植物外源激素二氯苯氧乙酸（2,4-D）对油棕胚诱导效果较好；油棕体细胞胚再生体系在不同基因型的油棕品种内诱导率存在较大差别，但油棕次生胚增殖在不同基因型的油棕品种内差异不显著，木本植物培养基（WPM）在油棕次生胚增殖中培养效果最好。万瑾等（2014）将 ZigBee 技术应用到油棕组织培养智能测控系统，该系统可对油棕组织培养过程中相关环境参数进行自动或半自动的调节控制，提高管理效率。中国热带农业科学院自 1998 年启动油棕组织培养研究工作，经过不懈努力，在 2011 年 12 月获得了国内首株移栽成活的油棕组培苗；2015 年 5 月进行了国内首批油棕组培苗大田试种，于 2017 年成功开花结果，且未出现变异植株，性状稳定。这标志着油棕组织培养苗产业化发展取得阶段性成果，未来有望实现优质油棕组培苗的商业化生产应用。油棕组织培养技术是比杂交育种更快、更先进的繁育方式，只要发现优良母株，就可以快速繁育推广，大大缩短良种选育时间。

一、油棕组织培养种苗繁育的意义

（一）缩短育种年限

油棕为多年生木本植物，通过常规杂交育种获得的油棕种子，再进行催芽繁育种苗的方法，工序繁琐，育种周期长、繁育种苗的速度慢，难以满足油棕产业快速发展的需要，而通过组织培养繁育优良的品种，整个再生过程仅需要 2～4 年，大大缩短了育种年限。

（二）保证优良品种的特性，为生产提供大量种苗

利用组织培养技术繁殖优良的单株，理论上可培养出大量与母株表型一致的无性系分株，从而保证了油棕优良品种的特性。研究发现，组培获得克隆植株比通过种子育苗的油棕产油早、产油量高、经济优势高于 D×P 材料。目前马来西亚、印尼和哥斯达黎加等国的油棕组织培养技术已非常成熟，并且商业化生产，为优良品种在较短时间内大面积推广提供种苗。组培苗大多紧凑型的，每公顷可种植 200 株，与一般大田种植 156 株 / 公顷相比，提高了种植密度，从而提高单位面积的产量和经济效益。

（三）为加快油棕的遗传改良提供技术支撑

利用传统方法对油棕进行遗传改良的进展非常缓慢，同时也不利于一些有潜力的基因进行改良以获取高产、抗寒、抗旱、抗虫和抗病的优质油棕种质，而组织培养技术的飞速发展从多方面弥补了传统遗传改良的不足。通过基因编辑或筛选等手段能够培育出具有抗病虫害、抗逆境等特性的组培苗，可以作为无病害的繁殖体用于生产，大

大降低了油棕的种植风险和生产成本。油棕在无病害环境中大规模生长繁殖，生产出的理想繁殖体如芽、茎等在运输到其他地方的过程中损伤也较小。此外，也为油棕转基因育种奠定基础。

（四）有利于油棕种质资源保存和交换

有助于保存珍稀或濒危的油棕品种的遗传资源，为油棕的可持续发展提供保障。组培苗便于运输和移栽，有利于油棕种植技术在不同地区的推广和应用。种苗生产存在一定的季节性，由于气候变化等原因难以全年生产，组织培养可以使种苗的生产不受土壤、气候变化和季节的影响。利用组培苗作为种质资源保存，可大大节约人力、物力和土地，同时离体保存的材料不受各种病虫害的侵染，利于种质资源地区间及国际间的交换和转移。

二、油棕组织培养种苗繁育的技术方法

油棕体细胞胚胎的再生是间接发生的，来自愈伤组织，在细胞转分化后，会产生体细胞胚胎。体细胞胚胎的再生是组培的重要步骤。通过体细胞胚胎发生大规模生产幼苗的成功取决于适当再生的体胚数量，这些体胚还必须具有良好的形态质量，并有足够的储备积累以萌发和滋养正在形成的幼苗。该技术在园艺、农业和林业中有着广泛的应用。

油棕组织培养繁育法利用成熟和未成熟的胚、茎尖、胚性细胞悬浮培养、胚性愈伤组织以及来自幼苗、根、花序和幼叶的愈伤组织，除了胚、花序和叶片外，其他外植体的再生效率低。外植体一般为5～10 毫米，由于外植体较大，这种培养也被称为分生组织培养。油棕组织培养过程比较复杂（图 2-6），主要包括以下步骤。

①外植体的选择和制备。选择合适的外植体，接种到营养培养基中。这一步应在严格无菌条件下完成。

②细胞增殖。一般培养物生长需要 2 个月左右时间，随后进行重复的传代培养。

③芽和根的诱导。将培养物转移到配置好的营养培养基中以诱导多芽。此步骤可能需要 4 周左右的时间。然后将培养物转移到适合生根的培养基上，培养约 3 周。

④移栽。经过大约 1 个月的培养后，在无菌条件下将幼苗从试管环境转移到自然环境中。在移栽过程中，幼苗由于干燥（即从试管的 100% 湿度到环境条件下的低湿度）、不利环境、土壤微生物入侵以及不能适应从依赖（人工培养基）到独立环境的变化而无法存活。

外植体取样　　愈伤诱导　　胚性愈伤　　体胚诱导

再生芽　　再生芽　　生根诱导　　组培苗驯化

图 2-6　油棕组培苗繁育技术流程

基本培养基主要使用 Murashige 和 Skoog 研发的 MS 配方，亦有使用 Eeuwens 的 Y3 培养基。愈伤组织培养物通常保存在黑暗中；胚状体培养和植株保存在荧光灯管的光照下。研究发现在培养基中加入麦芽糖能够增加愈伤组织形成的频率，而酪蛋白水解裂解物能增加胚胎发生的频率。将培养温度从 25～30℃提高到 30～35℃，会增加胼胝质的形成，导致胚胎发生提前。

（一）油棕无性系原株的选择

油棕无性系种植材料规模化生产的重要制约因子是可利用的原株母树材料数量。目前采用的组培方法需要大量的母树材料，购买成本非常高，因此筛选优良母树材料是良种繁育的基础和前提。母树材料通常在7～8年生、无病虫害的油棕园中以果穗出油率为主要指标进行筛选，具有高产、株型矮小、抗病、抗寒或特殊油脂含量高等优良特性，植株变异率（广义遗传力）越大，选择的成功率越大。应首先选择最好的亲本群体，然后再从中选择最好的单株作为母树材料，并认为产量组分分析比单纯采用产油量单一指标好；果穗指数是鉴定适宜高密度种植油棕母树的良好标准，选择优良母树材料能显著提高产油30%以上。

油棕的离体再生植株培育的过程中会有一定比例的花畸形变异“mantled”（图2-7），并不是所有的优良性状都能在组培的过程中一直保持，因此，油棕无性系原株的选择至关重要基础。

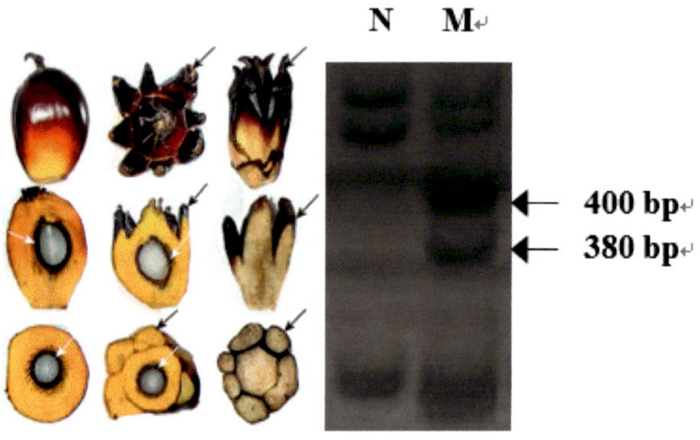

图2-7　油棕组培苗Mantled畸形分子检测技术

N为正常油棕果；M为Mantled变异油棕果

（二）外植体的选择和制备

选择合适的外植体是油棕组织培养的关键因素之一。一般选择处于旺盛生长阶段、生理活性较高的植株。树龄较小的油棕植株或特定生长时期的组织，如幼嫩的茎尖、芽尖或新生的叶片等，具有更强的分化和再生能力，更有利于培养成功。茎尖由于其生长点细胞分裂活跃、病毒含量低，是较为理想的选择。外植体的大小应适中，过小可能营养不足难以成活，过大则可能增加消毒难度和感染风险。

尽量选取无病虫害、未受损伤和无生理缺陷的组织，采集过程中要小心操作，尽量减少对外植体的机械损伤，防止伤口感染和细胞死亡，能够减少培养过程中感染和不良发育的风险。不同季节采集的外植体可能在生理状态和培养反应上有所差异。采集后的外植体需进行严格有效的消毒处理，去除表面的微生物，但要注意消毒试剂的浓度和处理时间，避免对外植体造成过度伤害。油棕最常用的外植体是未成熟的叶片、花序或三级根的尖端。

1. 胚培养

油棕早期组织培养的外植体一般采用胚，因为它的体外培养效率相对较高。一般选择树龄 8～10 年的油棕母株，切取茎干生长点上 15～95 厘米处的油棕茎段，对茎段进行表面除杂、清洗和消毒处理，然后转入超净工作台，剥除外层老叶片，获得无菌的油棕嫩叶。将油棕嫩叶修剪成大小为 1 厘米 × 2 厘米的片样，接种到愈伤组织诱导培养基中，在温度 25～28℃、湿度 50%～65% 的条件下进行暗培养，得到愈伤组织。随后将愈伤组织转接入胚性愈伤组织培养基，同样在上述温湿度条件下暗培养，获得胚性愈伤组织。把胚性愈伤组织转接到胚状体培养基中培养。培养条件为光照强度 1 500～2 000 勒克斯、每日光照时间 12 小时、温度 25～28℃、湿度 50%～65%，每 2 个月继代 1 次。培养 6～12 个月后，在胚性愈伤组织表面会出现白色的胚状体组织。

有研究比较了不同灭菌时间和外植体的处理方式对油棕种子无菌苗获得率的影响，结果发现，75% 酒精处理 1 分钟，再用 0.1% 升汞处理 30～40 分钟对油棕种子的灭菌效果最好。经灭菌的种子去除胚乳后接种于 MS 培养基上，出苗率为 100%；接种后 15 天即可获得无菌苗，成苗率高达 88.9 %。在光照及黑暗条件下胚均可萌发，但苗的生长还需要光照条件。该方法适合油棕无菌苗的获得，也可为其他种壳坚硬、顽拗性种子无菌苗的培养提供参考。我国也开展了胚作为外植体的组织培养研究，目前已经成功在大田定植。

2. 根培养

根尖分生组织分化能力强，是组织培养的理想材料，而且成龄油棕的幼根数量多，可提供大量的外植体。根培养的关键在于促进根的伸长、分支和形成健康的根系。在培养过程中，需要密切观察根的生长情况，及时调整培养条件和培养基成分，以确保根的正常生长和发育。

Kerdsuwan 和 Chato（2016）使用含有 NAA 的 OPCM 培养基成功将油棕幼苗根都出愈伤组织（图 2-8）。

图 2-8　油棕根诱导愈伤组织

（图片来源：Stapaporn Kerdsuwan. Proliferation of Embryogenic Callus Using Different Culture System, DirectSomatic Embryo Formation from Seedling Roots of Oil Palm and Assessmentof Somaclonal Variation Using Simple Sequence Repeat (SSR) Technique [D]. Prince of Songkla University, Songkhla Province, Thailand, 2016.）

3. 花序培养

油棕花序数量较大，被认为是较理想的外植体，在培养中通常选择未完全开放、生长旺盛的花序。Smith 等（1973）最先利用油棕花序进行培养，但 Teixeira（1994）首次成功地从幼嫩花序再生出小苗。利用未成熟雄花序，在改良的 Y3 培养基上添加 2，4-D 和毒莠定能成功诱导愈伤组织和胚状体，然后在含有 6-BA、ABA 和 GA 的培养基中诱导形成克隆苗。Jayanthi 等（2015）用油棕雄花序作为外植体，使用 Y3 培养基作为基本培养基，在愈伤诱导、体胚发生和生根阶段分别添加 2, 4-D 或毒莠定，6-BA、ABA 和 GA_3，IAA 和 IBA，最后成功培育出组培幼苗（图 2-9）。Yin 等（2024）用来自 198 个油棕种质（dura，tenera 和 pisifera）的未成熟雄花序作为组织培养的外植体，使用全基因组关联分析（GWAS）对单核苷酸多态性（SNPs）与愈伤组织诱导率之间的关联进行研究，表明位于位点 Chr12_12704856 的标记 C-12 可有效区分 GG 等位基因，其愈伤组织诱导的概率最高（69%）。

图 2-9　用油棕雄花序作为外植体进行组织培养

（图片来源：MPOB）

4. 顶端幼嫩叶片组织培养

目前，油棕组织培养主要以幼嫩叶片为外植体，其幼嫩叶片量大、再生效率较高，且灭菌方法容易操作。其中以第十片幼嫩花序组织组培效果良好，可以在不严重损伤油棕的情况下切除。叶片外植体的愈伤组织形成和胚胎形成比花序外植体更快，但一些实验也成功地使用了花序外植体。研究表明以油棕幼嫩叶片为外植体，使用 MS 培养基，添加 2,4–D 后可以诱导出愈伤组织。

（三）油棕再生体系的建立

1. 培养基制备和材料处理

通常以 MS 培养基为基础，添加适量的植物生长调节剂，如生长素（如 2,4–D、NAA 等）和细胞分裂素（如 6–BA、KT 等），以诱导叶片细胞脱分化形成愈伤组织。同时添加蔗糖、琼脂等成分提供营养和支持。

从健康的油棕植株上选取顶端尚未完全展开的幼嫩叶片（以叶片为例），用流动水冲洗叶片，去除表面的灰尘和杂质。在超净工作台上，使用适当的消毒剂（如 70% 酒精、次氯酸钠溶液等）对外植体进行消毒处理，以减少微生物污染。

2. 接种与继代培养

将消毒后的叶片切成适当大小的片段或小块，接种到预先准备好的 MS 培养基上，同时，可以在培养基中适当添加活性炭等抗氧化剂，以防止褐变并促进生长。虽然硅不是必需元素，但硅是一种能通过增加愈伤组织的产量、生长和寿命来刺激体细胞胚胎发生的矿物质。在发育的早期阶段，硅能够改善幼苗的形态、解剖和生理特征，提高其对低温和盐度的耐受性，并减少过度水合现象的发生率。例如，在培养基中使用硅能够刺激香蕉叶绿素含量、生物量的茎长的增加。在枣椰树中，硅的存在使愈伤组织和体细胞胚胎的形成增多，胚胎的鲜重和干重增加，同时降低了氧化率和过度水合水平。研究证明硅在体细胞胚胎生产中，特别是胚胎产量方面具有有益作用，使得克隆能够大规模产出，对油棕种植产生积极影响。补充硅酸钙能增加再生的体细胞胚胎数量，且不影响发芽、幼苗质量指数和在温室中的驯化。建议使用剂量为 0.63 克 / 升。

接种后需要按时更换培养基，继代和增殖过程选用的培养基和分化培养基相同。培养 60 天左右，出现第一批初生愈伤组织。100 天左右，长出愈伤组织的外植体数实际上不再增加。出现愈伤组织后，进行继代培养 1～2 次，以获得淡黄色或米色瘤状的胚性愈伤组织，然后可将胚性愈伤组织转接到相应的培养基中，继续进行体细胞胚诱导、次生胚团诱导与增殖、丛芽诱导等培养阶段。愈伤组织逐步分化出与茎中柱和胚根中柱相似的组织，这些组织相当于胚状体并具有体细胞发生胚的一切特有现象。小苗长出粗大的不定根后，继续在试管中培养到叶长约 10 厘米时，则可转移到没有外来污染的条件下培养。要严格遵守无菌操作，防止污染，并控制好培养环境的温度、光照等条件。培养过程中要注意观察培养物的生长状态，及时处理异常情况。继代培养代数应适当控制，避免过度继代导致遗传变异或生长不良。

3. 规模化生产

为了尽量减少移栽失败的情况发生，在移栽前必须培养幼苗的驯化能力。驯化是生物体适应其环境变化的过程，如温度、湿度、光周期和 pH 值的变化，使其能够在一系列环境条件下生存。可以通过以下方式实现：一是诱导发育一些正常且具有功能性的叶片。二是诱导发育具有功能性的根。三是在种植前两周将体外培养物暴露在恶劣的环境中。即把经过培养后带有3～4片叶且根系发育良好的小植株移植至营养钵中，在饱和的湿度与弱光下慢慢地进行环境驯化，培养成小苗。

从离体培养到袋装苗的植株移植具有操作步骤如下：将幼苗从试管中取出，用流动的自来水冲洗；以土壤、泥炭土、细土以3：2：1的比例混合配置土壤混合物；准备好塑料袋和8厘米×8厘米的小型花盆；将可可泥炭土填入塑料袋或种植盆的底部；将土壤混合物加入塑料袋和花盆中；将植株的根浸入IBA生根粉中；将幼苗种植到土壤混合物中，直到根部被覆盖；给幼苗浇水，然后用表面有气孔能够使气体交换的透明塑料覆盖；将幼苗放置在高达60%的遮阴区域，并在苗圃中严格监控2～3个月；用喷雾器对幼苗进行浇水，种植1个月后除去塑料覆盖物；3个月后，将幼苗移至更大尺寸的塑料袋或种植盆中，使用相同的土壤混合成分；持续给幼苗浇水并监测，直到4个月大后移栽到油棕园。

4. 移栽到油棕园

经过驯化，可将幼苗移栽到种植面积较大的油棕园，即进行大规模繁殖。可按照以下标准操作：苗龄3个月后，遮阴减少至20%；幼苗施以氮磷钾肥，氮：磷：钾按照20：20：20配置。肥料事先用水稀释，使其浓度达到150～200毫克/升；幼苗长到4个月大后，可以准备转移到果园；种植坑应事先挖好，坑的深度取决于幼苗的大小，要将所有根系都埋入到土壤中；每个种植坑内可按比例添加混合有机肥，如鸡粪或牛粪100克、重过磷酸钙100克、石灰肥（碳酸钙）100克；将幼苗从塑料袋中取出并种入坑内。添加肥料混合物至土壤顶部并覆盖幼苗周围区域；在幼苗底部周围放置干树叶或草以保持湿度；幼苗每天浇水两次，即在清晨和傍晚，持续 4 个月。

三、油棕组织培养种苗繁育存在的问题

油棕组织培养研究自 20 世纪 70 年代始以来取得了大量突破性进展，已在全球各地建立起以叶片为外植体的油棕再生体系，培育出许多优良品种的种苗并在生产中推广应用甚至是工厂化生产，但是油棕组织培养过程中还存在一系列问题有待完善。

（一）外植体发育效率高度依赖于原株基因型

油棕是一种较难驯化的植物，这就意味着与其他植物相比，油棕的外植体更难发育成植株。体细胞胚胎发生技术在产生少量幼苗方面效率低，且难以从胚细胞培养中诱导体细胞胚发生，难以将这些体细胞胚完全转化为完整植株。据报道，油棕的未成熟叶片外植体的愈伤组织诱导率高达 52%，而合子胚和未成熟花序等其他外植体的愈伤组织诱导率更高。尽管有报道显示此方法愈伤组织诱导率足够高，但是从外植体诱导形成愈伤组织的效率高度依赖于其基因型。许多外植体在培养过程中只能恢复到 1%～5% 的全能性，以形成愈伤组织，因此，使体细胞胚胎发生是非常低效的过程。体细胞胚胎发育成完整的植株也经常存在问题，主要是由于无法诱导出茎或根，导致油棕无性系再生率低。体细胞胚发生诱导效率低、可供选择的外植体有限以及完整外植体再生率低等因素的结合，使得在不进行胚胎增殖的情况下通过组织培养进行油棕育种是不现实的。然而，在一次培养中产生大量胚胎可能会产生体细胞无性系变异的风险。提高油棕再生率的另一种方法是使用高产品种外植体。虽然该品种的选择需要在分子水平上

进行大规模筛选以确定最佳基因型，但它可以作为一种可能提供长期效益的工具。

（二）容易受到污染

在油棕植株离体生长的整个过程中都需要保持无菌技术。如果发生污染，植物生长会受到损害，成活率低。油棕组织培养受实验室中污染培养物的微生物污染限制，微生物在获取培养基中的营养以供自身生长时，会与培养物产生竞争关系，对培养物造成损害，甚至杀死培养物。微生物污染可能来自外植体、设备、环境或处理体外培养操作的工作人员。用于组织培养的外植体灭菌存在障碍，是因为一些附生菌和内生细菌可能存在于消毒剂难以触及的组织中，难以消灭。有研究显示内生细菌具有促进植物生长的作用，可以促进植物组织培养的成功，然而，在某些情况下，它们会损害体外培养。

准确识别污染物种类有助于制定解决污染问题的方案。印度尼西亚油棕研究所利用 DNA 条形码在组织培养实验室的各个阶段识别鉴定污染物种类，这种识别方法相较于其他方法更快。细菌鉴定采用 16S rRNA 测序进行，真菌鉴定采用 ITS 区域测序进行。初步实验结果表明，在实验室组织培养过程的各个阶段都鉴定出了细菌和真菌。在暗室中鉴定出了 4 种，在亮室中鉴定出了 2 种，在高级亮室中鉴定出了 4 种。鉴定出的细菌有枯草芽孢杆菌、副猪链球菌、巨大芽孢杆菌和芽孢杆菌，鉴定出的真菌有坎氏三毛孢菌、桔青霉、裂褶菌、网纹曲霉和软孔菌。在暗室和高级亮室中均发现副猪链球菌，该菌是一种导致一些猪和人类疾病的人畜共患病原体，表明在处理组织培养过程中存在人为失误，应加以检查和改进；在亮室中发现的真菌数量比暗室中多，表明在处理体外培养孵育过程中存在问题。所以，今后在油棕组织培养中应当进一步研究外植体灭菌方案，在愈伤组织启动期间抑制有害细菌的繁殖。还应当改善工作条件，以满足处理组织培养过程中的无菌环境要求。

（三）体外培养中易发生褐变

油棕属于顽拗植物，因此体外繁殖较为困难。褐变是顽拗植物体外培养中的常见问题，这会导致外植体生长不理想，导致培养物死亡。体外培养中的褐变事件通常发生在愈伤组织阶段直至发芽前。在愈伤组织诱导、初级愈伤组织和早期胚性愈伤组织中预防褐变是通过将培养物存放在暗室中进行。然而，在光照培养室中预防体细胞胚（SE）褐变需要优化。通过植物组织培养进行油棕繁殖可以产生无性系、无病且性状一致的植株，可以在固体或液体培养基上进行。使用临时浸没系统（TIS）的液体培养具有显著优势，特别是增殖率提高 7～19 倍，劳动力需求更少，且比固体或半固体技术更快。TIS 中的组织培养微繁也已在其他植物如甘蔗、海枣、西米、菠萝和橡胶上应用。

常见处理褐变的方法有两种。一种是将外植体浸泡在抗氧化剂中，向培养基中添加抗氧化剂，频繁进行继代培养以及将培养室设置在黑暗条件下；另一种是使用活性炭和乙烯抑制剂如 $AgNO_3$。然而，像频繁继代培养的方法不能应用于油棕的体外培养，会导致过多的继代培养和过长时间接触培养基，油棕组织体外培养中的继代培养通常受到限制。通过使用适当的培养基提高外植体的活力和生长也可以预防培养中的褐变。有研究表明，油棕 TIS 培养中的褐变对油棕种子生产有害，需要深入进行褐变外植体的预防和处理。油棕褐变处理的优化应分两个阶段进行，即使用抗氧化剂和优化基础培养基。半胱氨酸和抗坏血酸抗氧化剂混合物的最佳使用浓度为 50 毫克 / 升，能够减少褐变 SE。SMT 基础培养基在减少褐变、抑制褐变及增加胚胎和发芽体数量方面表现最佳，无论是在褐变胚胎还是新鲜胚胎中都是如此。在相同培养基中进行第二次培养后，褐变百分比降低。

（四）投入成本较高

一是需要工作人员有高水平的专业知识。组织培养技术需要高超的操作技能水平，一个小的错误可能导致产品或植物的损坏。油棕繁育公司或机构需要在员工培训方面进行投资，长期的资本投资，增加了培训成本。

二是除了专业知识方面的高成本外，组织培养还需要高成本的化学试剂，且要求这些试剂必须为高纯度。

（五）不稳定性和次生代谢物产量低

尽管组织培养具有产生与外植体相同克隆的优势，但有时在克隆系之间会发生遗传变异，从而导致克隆的表型和基因型发生变化。这种现象被称为体细胞克隆变异。如油棕的离体再生植株普遍存在着一种花畸形变异“mantled”，这种变异由于心皮结构覆盖使得小花不能受精，引发最严重的后果是全部花丧失功能而不结果实，轻者是部分雌花受影响而发育成一个或多个心皮，从而产量减少。

受基因型的影响，油棕组织培养植株中收获的次生代谢物的产量通常较少，从母株采集的外植体有 60%～80% 不能分化成胚性愈伤且体胚转化率只有 6%。再生效率低，不易生根和芽，需要使用更多的外植体来满足无性系的大量生产，导致母株供应外植体不足，因此，需要大规模生产以提高产量。

参考文献

安玉仙，2023. 湖北省木本油料产业链高质量发展研究[D]. 武汉：湖北省社会科学院，DOI：10.27133/d.cnki.ghbyc.2022.000007.

C.Tudge，林野，1989. 几种热带作物组织培养的进展[J]. 热带作物译丛，4：33.

曹红星，2016. 油棕栽培技术[M]. 北京：中国农业出版社 .

曹红星，孙程旭，雷新涛，等，2010. 油棕种子种苗繁育方法：201010547873.6 [P].

曹红星，周丽霞，雷新涛，2021. 油棕抗寒研究[M]. 北京：中国农业科学技术出版社 .

崔元方，龚峥，1986. 油棕组织培养[J]. 热带作物研究，1：70-77.

董婉秋，1978. 油棕叶片的组织培养[J]. 热带作物译丛，4：40.

焦云飞，曾宪海，林位夫，等，2015. 我国油棕遗传育种研究现状与动态[J]. 中国热带农业，3：9-15.

金龙飞，尹欣幸，曹红星，2021. 油棕体细胞胚胎发生的研究进展[J]. 江苏农业科学，49（13）：29-35.

雷新涛，曹红星，2013. 油棕[M]. 北京：中国农业出版社 .

李杰，雷新涛，孙程旭，等，2012. 一种油棕种子育苗方法：2010105478628[P].

李娟，彭金灵，康娟，等，2012. 油棕高效胚培养技术研究[J]. 热带农业科学，32（7）：5-8.

林位夫，曾宪海，2014. 我国油棕创新研究与发展建议[J]. 中国热带农业，6：5-8.

刘邓，2017. 我国首批油棕树组培苗大田试种成功[J]. 世界热带农业信息（增刊2）：10–11.

刘东，王凯丽，黄艳，2021. 世界主要热带作物产业发展现状与趋势[J]. 热带农业科学，41（9）：111–116.

刘琦，王仁才，王然，2022. 植物体细胞无性系的变异与检测[J]. 青岛农业大学学报（自然科学版），39（1）：8–18.

刘艳菊，曹红星，2014. 油棕种子催芽方法的研究进展[J]. 热带农业科学，34（5）：28–32.

潘登浪，邹积鑫，曾宪海，等，2019. 油棕细胞悬浮培养及植株再生技术[J]. 广东农业科学，46（2）：59–65，173.

沈雁，王业桐，曹红星，等，2012. 油棕的组织培养及其生理生化研究[J]. 江西农业学报，24（2）：41–42，47.

沈雁，周焕起，曹红星，等，2010. 不同外源激素对油棕愈伤组织诱导的影响[J]. 种子，29（7）：37–39.DOI：10.16590/j.cnki.1001-4705.2010.07.074.

石鹏，曹红星，金龙飞，2019. 油棕分子育种[M]. 北京：中国农业出版社 .

石鹏，冯美利，雷新涛，等，2015. 油棕果穗产量性状主要成分及通径分析[J]. 广东农业科学，42（17）：18–25.

石鹏，王永，金龙飞，等，2019. 植物组织培养过程中的 DNA 甲基化研究进展[J]. 热带作物学报，40（1）：199–207.

藤田匡，方伟，1987. 油棕（Elaeis guineensis Jacq）的组织培养[J]. 广西林业科技，1：43–48.

王保明，颜士华，商建波，等，2022. 木本食用油料树种资源特征及其育种利用的研究进展[J]. 安徽农学通报，28（3）：87–93，113.

王永，李静，吴翼，等，2014. 油棕胚蛋白质组学研究体系的建立[J]. 广东农业科学，41（22）：126-129.

熊惠波，曹红星，孙程旭，等，2010. 油棕育种的研究进展和展望[J]. 中国农学通报，26（2）：277-279.

姚行成，邹积鑫，曾宪海，等，2012. 不同基本培养基对油棕苗生长的影响[J]. 广东农业科学，39（10）：29-30.

姚行成，邹积鑫，曾宪海，等，2012. 油棕组织培养研究进展[J]. 热带作物学报，33（3）：589-594.

曾宪海，2021. 中国－巴基斯坦油棕良种繁育及抗逆栽培技术研究与示范[R]. 海口：中国热带农业科学院橡胶研究所.

曾宪海，潘登浪，邹积鑫，等，2012. 油棕组织培养[J]. 中国热带农业，5：35-42.

张大鹏，王永，石鹏，等，2017. 油棕组培苗 Mantled 变异研究进展[J]. 热带农业科学，37（12）：52-55，69.

张骥昌，曹红星，雷新涛，等，2017. 油棕种质的生长发育特性及产量性状的比较研究[J]. 辽宁大学学报，44（1）：69-74.

邹积鑫，2014. 一种油棕体细胞胚的培养方法：CN201210S10243321.5c[P]. 海南：中国热带农业科学院橡胶研究所，2014-04-09.

邹积鑫，潘登浪，林位夫，2016. 油棕体细胞胚的诱导和次生胚的增殖研究[J]. 热带农业科学，36（8）：26-30.

ABO E F，REDA E，2014. Effect of silicon on somatic embryogenesis and shoot regeneration of dry date palm（Phoenix dactylifera l.）Cv bartamuda[J]. Egyptian Journal of Desert Research，64：65-82.

ADDAE-KAGYAH K A，OSAFO D M，OLYMPIO N S，et al.，1998. Effect of seed storage，heat pretreatment and its duration on germination and growth of nursery stock of the idolatrica palm. Elaeis guineensis var. idolatrica（chevalier）[J]. Tropical. Agriculture，65：77–83.

AHMED S，2021. The Role of Genetic Engineering in Improving Oil Palm Tissue Culture Seedlings Worldwide[J]. Plant Molecular Biology Reports，39（4）：678–692.

AMIR H G，SHAMSUDDIN Z H，HALIMI M S，et al.，2001. Effects of Azospirillum inoculation on N2 fixation and growth of oil palm plantlets at nursery stage[J]. Journal of Oil Palm Research，13（1）：42–49.

AROONLUK S，ROYTRAKUL S，JANTASURIYARAT C，2020. Identification and Characterization of Phosphoproteins in Somatic Embryogenesis Acquisition during Oil Palm Tissue Culture[J]. Plants，9（1），36.

ASTARI P R，BASYUNI M，SIREGAR A L，et al.，2024. Genotypic effects on accelerated propagation of oil palm breeding materials selected（*Elaeis guineensis* Jacq.）using somatic embryogenesis[J]. Oil Crop Science，9（2）：111–120.

BEVAN J W，GRAY B S，1969. Organization and control of field practice for large-scale oil palm plantings in Malaysia [M]. kuala Lumpur，Malaysia：Incorportated Society of Planters.

BONGA J M，DURZAN D J（Eds.），2012. Cell and Tissue Culture in Forestry：Volume 2 Specific Principles and Methods：Growth and Developments[M]. Springer Science & Business Media，24.

CORLEY R H，BARRETT J N，JONES L H，1977. Vegetative propagation of oil palm via tissue culture[J]. Journal Oil Palm News，22：2-7.

CORLEY R H，LEE C H，LAW I M，et al.，1986. Abnormal flower development in oil palm clones[J]. Planter，62（7）：233-240.

CORLEY R H，TINKER P B，2003. The Oil Palm[M]. 4th ed. Oxford：Blackwell Science Ltd.

Corley R H V，Tinker P B，2015. The Oil Palm[M]. 5th ed. Oxford：Blackwell Science Ltd.

CORRÊA T R，et al.，2016. Accelerated in vitro propagation of elite oil palm genotypes（*Elaeis guineensis* Jacq.）by substituting cytokinin with putrescine[J]. African Journal of Biotechnology，15：2767-2775.

DICKSON D O，et al.，2021. Germination of oil palm（*Elaeis guineensis* Jacq.）seeds-a function of heat treatment and progeny[J]. Plant Cell Biotechnology and Molecular Biology，22（39-40）：59-66.

DURAN-GASSELIN T，KOUAMÉ K R，COCHARD B，Et al.，2000. Dissemination of oil palm（*Elaeis guineensis* Jacq.）Varieties. Oléag[J]. Corps Gras Lip，7（2）：207-214.

ENG T L，et al.，2008. Oil palm（*Elaeis guineensis* Jacq.）tissue culture ESTs：Identifying genes associated with callogenesis and embryogenesis[J]. BMC Plant Biology，8：62.

FEHER A，2019. Callus，dedifferentiation，totipotency，somatic embryogenesis：what these terms mean in the Era of Molecular plant Biology[J/OL] Frontiers in Plant Science，10：536. https：//doi.

org/10.3389/fpls.2019.00536.

FONDOM N Y，ETTA，C E，MIH A M，2010. Breaking Seed Dormancy：Revisiting heat-treatment duration on germination and subsequent seedling growth of oil palm（*Elaeis guineensis* Jacq.）progenies[J]. Journal of Agricultural Science，2（2）：101-110.

GOMES H T，BARTOS P M C，BALZON T A，et al.，2016. Regeneration of somatic embryos of oil palm（*Elaeis guineensis*）using temporary immersion bioreactors[J]. Industrial Crops and Products，89：244-249.

GOMES H T，BARTOS P M C，Scherwinski-Pereira J E，2015. Optimizing rooting and survival of oil palm（*Elaeis guineensis*）plantlets derived from somatic embryos[J]. In Vitro Cellular and Developmental Biology - Plant，51：111-117.

GOMES H T，BARTOS P M C，SCHERWINSKI-PEREIRA J E，2017. Dynamics of morphological and anatomical changes in leaf tissues of an interspecific hybrid of oil palm during acquisition and development of somatic embryogenesis[J]. Plant Cell，Tissue and Organ Culture（PCTOC），131（2）：269-282.

GREEN M，LIMA W.A.A，FIGUEIREDOI A.F，et al.，2013. Heat treatment and seed germination of oil palm（*Elaeis guineensis* Jacq.）[J]. Journal of Seed Science，35（4）：296-301.

HABIB S H，OOI S E，ONDREJ N，et al.，2012. Comparative mineral and hormonal analyses of wild type and TLS somaclonal variant derived from oil palm（*Elaeis guineensis* Jacq. var. *tenera*）tissue culture[J/OL]. Plant Growth Regulation. DOI：10.1007/s10725-012-9707-1.

HENSON I E，1991. Limitations to gas exchange，growth and yield of young oil palm by soil water supply and atmospheric humidity[J]. Transactions of Malaysian Society of Plant Physiology，2：39–45.

HUSSEY G，1958. An analysis of the factors controlling the germination of the seed of the oil palm，（*Elaeis guineensis* Jacq.）[J] Ann.Bot，22：259–286.

Hussey G，1959. The germination of oil palm seed：experiments with tenera nuts and kernels[J].F.W.Afr.Inst. Oil Palm，2：331–354.

ISHAK Z，HASHIM A T，ROSLI S K，et al.，2020. Oil Palm Tissue Culture：Fast Tracking Elite Commercial Lines[J]. In The Oil Palm Genome . 10：47–68.

JAYANTHI M，SUSANTHI B，MURALI M N，et al.，2015. In vitro somatic embryogenesis and plantlet regeneration from immature male inflorescence of adult dura and tenera palms of *Elaeis guineensis*（Jacq.）[J/OL]. SpringerPlus，4：256. https：//doi.org/10.1186/s40064-015-1025-4.

JONES L H，1983. The oil palm and its clonal propagation by tissue culture[J]. Journal Biologist，30（4）：181–188.

KAMNOON K，PREAMRUDEE D，1999. The Origin and Development of Embryoids in Oil Palm（*Elaeis guineensis* Jacq）Embryo Culture[J]. Science Asia，25：195–202.

KARIM S K A，2021 .An Overview of Oil Palm Cultivation via Tissue Culture Technique[R/OL].Elaeis guineensis [Working Title]. DOI：10.5772/intechopen.99198.

KARIM SKA，2021. An overview of oil palm cultivation via tissue culture technique. In：Kamyab，H（Ed）. Elaeis guineensis（London：IntechOpen）.

Khan A，et al.，2008. Oil palm（*Elaeis guineensis* Jacq.）tissue culture ESTs：Identifying genes associated with callogenesis and embryogenesis[J]. BMC Plant Biology，8：62.

LAURA B，GUSTAVO A，HARRY L，et al.，2008. application of spectroscopic methods for the automation of oil palm culture[J]. Journal of Oil Palm Research Special Issue on Malaysia–MIT Biotechnology Partnership Programme，1：1–13.

LAVÍNIA B O，SÉRGIO Y M，SEBASTIÃO M F，et al.，2024. Silicion supplementation increases the in vitro regeneration of oil palm（*Elaeis guineensis* Jacq.）somatic embryos[J]. Ciênc. Agrotec，48：e019223.

LIMA W A A，LOPES R，GREEN M，et al.，2014. Heat treatment and germination of seeds of interspecific hybrid between American oil palm（*Elaeis oleifera*（H.B.K）Cortes）and African oil palm（*Elaeis guineensis* Jacq.）[J].Journal of Seed Science，36（4）：451–457.

MADON M，PHOON L Q，CLYDE M M，et al.，2008. Application of flow cytometry for estimation of nuclear and content in Elaeis[J]. Journal of Oil Palm Research，20：447–452.

MANÉHONON M，KOUAKOU K，BOGNONKPÉ J，et al.，2009. Effect of storage and heat treatments on the germination of oil palm（*Elaeis guineensis* Jacq.）seed[J]. African Journal of Agricultural Research，4（10）：931–937.

MOUSSA H，MARGOLIS H A，DUBE P A，et al.，1998. Factors affecting the germination of doum palm（Hyphaene thebaica; Mart）seeds from the semi- arid zone of Niger[J]. Forest. Ecology & Manag，104：24-41.

MYINT T，CHANPRASERT W，SRIKUL S，2010. Germination of seed of oil palm（*Elaeis guineensis* Jacq.）as affected by different mechanical scarification methods[J]. Seed Science and Technology，38（3）：635-645.

OSENI O M，PANDE V，NAILWAL T K，2018. A review on plant tissue culture，a technique for propagation and conservation of endangered plant species[J]. International Jounal of Food Microbiology，7（7）：3778-3786.

OVIE S，EKABAFE M O，Nkechika A，et al.，2015. Influence of composted oil palm bunch waste on soil pH，nitrogen，organic matter status and growth of oil palm seedlings under water stress condition[J]. Continental Journal of Agronomy，12（1）：1-15.

PATCHARAPISUTSIN W，KANCHANAPOOM K，1996. Somatic embryogenesis and plantlet regeneration from oil palm（*Elaeis guineensis* Jacq.）callus[J]. Journal of the Science Society of Thailand，22：13-20.

PATEL M，2024. Recent Advances in Tissuc Culture Techniques for Oil Palm Seedling Production on a Global Scale[J]. Journal of Agricultural Biotechnology，32（1）：56-78.

PAVLOVIC J，et al.，2021. Interactions of silicon with essential and beneficial elements in plants[J]. Frontiers in Plant Science，12：697592.

RAI A C，et al.，2022. Advances in plant tissue culture：Current developments and future trends[M]. London：Academic Press，407.

RAJANAIDU N，Rohani O，Jalani B S，1997. Oil Palm clones：current status and prospects for commercial production[J]. The Planter，73（853）：163–184.

REES A R，1960. The germination of oil palm seeds[J]. West–African. Science Association，6：55–62.

REES A R，1962. High–tempreture pre–treatment and the germination of seed of the oil palm，（*Elaeis guineensis* Jacq.）[J]. Annals of Botany Research，26：569–581.

REES A R，1963. Germination of palm seeds using a method developed for the oil palm[J]. Principes，7：27–30 .

REES A R，1965. Some factors affecting the viability of oil palm seeds under natural conditions F.W.Afr.Inst[J].Oil Palm Research，4：201–207.

ROSENANI A.B，ROVICA R，CHEAH P. M.，et al.，2016. Growth performance and nutrient uptake of oil palm seedling in prenursery stage as influenced by oil palm waste compost in growing media[J]. International Journal of Agronomy，3：1–8.

RUSLAN A，ALIZAH Z，WEE，et al.，2005. Immature embryo：A useful tool for oil palm（*Elaeis guineensis* Jacq.）genetic transformation studies[J]. Electronic Journal of Biotechnology，8（1）：25–34.

SHEKHAWAT K，GUPTA P C，KUMAR R，et al.，2019. Role of tissue culture techniques in social forestry[M]. //KUMAR R，GHOSH A，MONDAL：Recent Advances in Chemical Sciences and

Biotechnology. NewDelhi：New Delhi Publishers.

SINTA M M，SAPTARI T R，RIYADI I，et al.，2024. Browning prevention of oil palm somatic embryos in the temporary immersion system with antioxidant mixture and modification of basal media[J]. IOP Conference Series：Earth and Environmental Science，1308（1）.

SITI K，NIK M S，2018. Construction of molecule markers for prolific oil palm tissue culture. Sains Malaysiana，47（8）：1701–1708.

SIVANESAN I，PARK S W，2014. The role of silicon in plant tissue culture[J]. Frontiers in Plant Science，5：571.

SMITH J，et al.，2015. Loss of karma transposon methylation underlies the mantled somaclonal variant of oil palm[J]. Nature，9，525（7568）：533–7.

SOGEKE A K，1998. Stages in the vegetative propagation of oil palm（*Elaeis guineensis* Jacq）. through tissue culture[J]. Journal of Oil Palm Research，10（2）：1–9.

SOH A C，1998. Review of ortet selection in oil palm[J]. Planter，74（865）：217–226.

SOH A C，WONG G，TAN C C，et al，2011. Commercial-scale propagation and planting of elite oil palm clones：research and development towards realization[J]. Journal of Oil Palm Research，23（1）：935–952.

SOH A C，WONG G，TAN CC，et al.，2001. Recent advances towards commercial production of elite oil palm clones. Proceedings of the PIPOC 2001 International Palm Oil Congress[S]. Agriculture Conference，33–44.

SUMAN S，2017. Plant tissue culture：A promising tool of quality material production with special reference to micropropagation of banana[J]. Biochemical & Cellular Archives，17（1），1–26.

SUMAR YONO，RIYADI I，KASI P D，et al.，2008. Indonesian Journal of Agriculture，1：109–114.

TARMIZI A H，NORJIHAN M A，Zaiton R，2004. Multiplication of oil palm suspension culture in a bench–top（2–litre）bioreactor[J]. J. Oil Palm Research，16：44.

TEIXEIRA J B，SONDAHL M R，Kirby E G，1993. Somatic Embryogenesis from immature zygotic embryos of oil palm[J]. Plant Cell Tissue and Organ Culture，34：227–233.

TEIXEIRA J B，SÖNDAHL M R，NAKAMURA T，et al.，1995. Establishment of oil palm cell suspensions and plant regeneration[J]. Plant Cell，Tissue and Organ Culture，40（2）：105–111.

TOUCHET B，DUVAL Y，Pannetier C，1991. Plant regeneration from embryogenic suspension cultures of oil palm（*Elaeis guineensis* Jacq.）[J]. Plant Cell Reports，10：529–32.

WECKX S，INZÉ D，MAENE L，2019. Tissue culture of oil palm：Finding the balance between mass propagation and somaclonal variation [J]. Frontiers in Plant Science，10：722.

WENING S，PRATIWI R D，NAZRI E，et al.，2024.Identification of oil palm tissue culture contaminants by using DNA barcodes：preliminary results[J]. IOP Conference Series：Earth and Environmental Science，1308（1）：12038.

WU B，et al.，2020. Global Perspectives on Mass Propagation of Oil Palm Seedlings through Tissue Culture[M]. Cambrige：Cambridge University Press.

ZAMZURI，MOHD A，RAJANAIDU N，et al.，1999. Commercial feasibility of clonal oil palm planting material production[J]. PORIM Occasional Paper，40：52.

第三章

油棕栽培管理技术

油棕作为重要的油料作物，其产量和质量直接关系到油脂的供应和经济效益。科学合理的栽培管理技术对提高油棕产量和品质具有重要作用。目前，油棕主产国马来西亚和印度尼西亚等东南亚国家对栽培管理研究的较为深入，主要在油棕园选址、园区规划、排灌系统建设、定植、施肥、授粉等栽培管理技术方面的研究深度和广度不断增加。我国油棕栽培起步较晚，商业化种植较少，目前主要以科学研究为主，在油棕营养诊断、测土配方施肥、传粉象甲繁育和田间释放等方面积累了一定经验。

第一节　建园

一、选址与规划

（一）选址

油棕园建园选址至关重要，选址不当会给后续的种植和生产带来诸多难以克服的障碍，容易造成较大的经济损失。选址应结合当地的自然、经济和经营条件进行综合考虑，包括气候、地形、土壤、水源和市场供需情况等因素。

在气候方面，油棕喜高温、湿润、强光照和土壤肥沃的环境。以年均气温 22～33℃，年均有效积温（≥ 10℃）大于 9 200℃，日照时间不少于 7 小时，每日太阳辐射总量 1.5 千焦 / 平方厘米左右的地区最为适宜。年降水量≥ 2 000 毫米，全年降水量分布均匀，无明显干湿季的环境油棕生长良好；在地形方面，应选择地势平缓，坡度不超过 20° 且较完整成片的土地。在土壤方面，应选择排水良好、土质疏松、土层深厚和富含腐殖质的土地。在水源方面，应选择靠近水源的地点，便于油棕园的灌溉和生活用水。在市场供需方面，尽量选择离下游加工厂较近的地点。

因此，油棕园选址应选择温湿度良好，土壤不积水、不贫瘠、石砾少、靠近水源的地点，在交通、基础设施、生态环境条件符合要求的基础上，尽量选择地势平缓、坡度不超过 20°、完整成片、离下游加工厂较近的土地。

（二）规划

油棕园建园规划要综合考虑园区布局、基础设施建设、排灌系统、机械作业、经营管理、油棕品种选择、种植密度、果实采收、运输便利、人员安排和资金预算等因素。

二、排灌系统建设

（一）灌溉系统建设

1. 油棕园灌溉期和灌溉量的确定

油棕在热带雨水丰富的地区，可以保持周年开花结果，产量高。油棕园的灌溉期通常与当地的气候情况密切相关。在结果前 24 个月、18 个月、6 个月时，对干旱反应很敏感，尤其在结果前 24 个月遇到干旱，将改变花序的雌雄比例，提高雄性花所占的比例；结果前 18 个月是花序败育率较高的时期，遇到干旱，部分花序不能发育成果实；在结果前 6 个月，是授粉的关键时期，如果此期干旱，坐果率降低。灌溉一般在雨季开始前或旱季进行，以确保油棕在生长关键期有充足的水分供应。油棕的不同生长阶段对水分的需求也不同，幼龄油棕对水分的需求较高，成龄油棕在果实发育期也需要充足的水分以保证产量。

在干旱季节或油棕生长旺盛期，需要增加灌溉频次和总量以确保油棕的正常生长和发育。在灌溉过程中，需要定期监测土壤水分含量和油棕的生长状况，及时调整。同时，还需要注意灌溉水的水质和灌溉设备的维护管理以确保灌溉效果和水资源的合理利用。

2. 灌溉方式

常用的灌溉方式包括面积灌溉、滴灌、喷灌和旋转灌溉等。其中，面积灌溉和滴灌是最常用的两种方式。不同的灌溉方式在控制土壤湿度、减少水分蒸发和提高灌溉效率方面各有优势。

在选择油棕的灌溉方式时，需要考虑多个因素，包括土壤条件、气候条件、地形地貌、种植规模以及投资成本等。同时，还需要根据油棕的生长特性和灌溉需求进行科学合理的规划和设计，以确保灌溉系统的有效性和经济性。此外，定期维护灌溉系统也是确保其正常运行和延长使用寿命的重要措施（图 3–1，图 3–2，图 3–3）。

图 3–1　油棕园的蓄水沟

图 3-2　安装水管

喷灌　　滴灌

图 3-3　灌溉方式

（二）排水系统建设

油棕在滞水区域不能正常生长、结果，排水系统对于低洼地带和土壤黏重的油棕园十分重要。在油棕园建设中，灌溉系统应与排水系统相结合，以实现水资源的合理利用和高效管理。通过智能灌溉系统，可以根据油棕的生长需求和土壤湿度自动调整灌溉量，减少水资源浪费。在建设排水系统之前，应进行生态影响评估，确保排水系统不会对周边环境造成负面影响。排水系统的设计和建设应考虑到园区的可持续发展需求，确保在保护生态环境的同时实现经济效益的最大化。

（三）水土保持

油棕园的水土保持对于油棕的生长、产量以及周边生态环境的稳定都具有重要意义，良好的水土保持能够减少土壤侵蚀，防止表土流失，保持土壤肥力，肥沃的土壤是油棕苗壮成长和高产的基础。同时，水土保持有助于维持水分平衡，在雨季储存水分，在旱季为油棕提供持续的水分供应。在山坡上种植时，每行油棕都与等高线平行；在坡度较大的地方修建梯田，增加土壤的稳定性。

三、整地

油棕园整地可以提高土壤质量，在整地过程中，通过清理杂草、灌木和藤蔓，可以改善土壤结构，增加土壤的透气性和保水性，为油棕的生长提供良好的土壤环境。通过挖穴、施基肥和表土回填等措施，为油棕提供充足的养分和适宜的生长空间，有利于油棕的根系发育和植株生长。

四、定植

定植是指将种苗从苗区运输至大田，并将种苗妥善种植到规划的定植点，并通过补苗确保大田全部被种植，没有漏种或缺苗现象。

（一）定标挖穴

根据种植地的地形、土壤条件及种植密度要求进行定标。油棕种植的行距和株距应根据实际情况进行调整，以充分利用土地资源并保证油棕的生长需求。在坡度小于 8° 的平缓坡地，可采用等边三角形种植模式，株距 8～9 米；在坡度为 8°～20° 的坡地，宜设置环山行，并随着坡度的增大调整株行距。以标点为中心挖植穴，植穴的规格一般为长 × 宽 × 深，均约 1.2 米。挖穴时要将表土和底土分开堆放，以便回填时分层使用（图 3–4，图 3–5，图 3–6）。

植穴挖好后应进行土壤暴晒以杀灭土壤中的病虫害，一般以 15～20 天为宜。种植时在植穴底部铺上一层基肥，如腐熟的有机肥，然后将表土回填至植穴中，形成浅盘状根盘，以便油棕苗根系更好地生长和扩展。定植以雨季最好，此时可确保植穴内土壤湿润。将油棕苗的根系舒展后放入植穴中，回填土壤并踩实，及时浇水并搭设遮荫网，以防太阳灼伤幼苗。

图 3–4　机械挖穴

图 3–5　平地等边三角形定标种植

图 3–6　山地沿等高线种植

（二）定植时间与苗龄

马来西亚和印度尼西亚等热带地区全年高温且雨水充沛，可随时进行油棕定植。在我国及其他大部分国家，油棕种植区冬季有低温，早春有旱情，宜避开此季节定植为好，应在雨季初期进行，阴天和小雨天是最佳的定植天气，此时期气候温和、蒸发量小，有利于油棕苗的成活和生长。雨季初期土壤湿度适中，有利于根系发育，减少因干旱或水涝导致的生长障碍。

晴天定植要在上午 10：00 前或 16：00 后进行，以防烈日灼伤苗木，影响成活。大雨天和雨后植穴积水时，土壤泥泞，穴土不能压实，同时土壤黏着紧密，透气不良，不利于根系生长和苗木成活，不宜定植。从生产周期和土地利用率的角度来看，油棕从大田定植至生产期的时距越短越好。因此，选择适宜的定植时间可以缩短非生产期，提高土地和资源的利用效率。

油棕定植的苗龄以 8～12 个月为宜，可选择叶片羽裂早、开叉大、叶面积大、裂片多的壮苗进行定植，株高达到 0.6～1.2 米，茎围达到 18～22 厘米，具有 7～12 片功能叶。若定植的苗龄太小，将会增加定植大田后的管理用工；若定植的苗龄太大，达到一年半以上，因其根系较长，起苗时对根的伤害较大，会导致油棕苗根系在定植后一段时间内吸水能力弱、生长受到抑制、缓苗期较长。

（三）定植方法

油棕苗以单株袋装育苗，在定植前 1 周停止对苗木淋水，使袋内袋土结块，保持干硬、不松散，以便定植时减少对根系的损伤。若苗木较高大，可以适当修剪掉部分老叶片或过长的叶片，以减少蒸腾作用，提高定植成活率。起苗时，先将裸露在袋底外面的根切断。定植时，将去袋的油棕苗放置于植穴中，确保根系舒展，不窝根，要防止土柱松散，填土至根系上方，以盖过原袋土表面 1～2 厘米，泥土不压埋过生长点为宜，轻轻踩实，使根系与土壤紧密接触。回土完毕后，浇足定根水，确保土壤湿润，有利于根系生长（图 3-7）。

图 3-7　定植

五、田间管理

（一）油棕园覆盖

油棕园覆盖是油棕园田间管理的重要一环。覆盖可以起到保水保肥的作用。具有调节土壤温度、有效抑制杂草生长、改善土壤结构等作用（图 3-8）。

覆盖材料分为有机覆盖物和无机覆盖物两种。有机覆盖物，如枯枝落叶、作物秸秆、木屑等，均匀铺在油棕行间，厚度一般控制在 10～15 厘米并定期补充，以保持覆盖层的厚度和效果。无机覆盖物，如黑色塑料薄膜等，预先铺设在油棕行间，边缘用土压实，以防被风吹走。对于黑色塑料薄膜，还需注意其在使用年限结束后的回收处理问题。

根据当地的气候条件和油棕生长需求，合理安排覆盖时间。一般在雨季前或干旱季节进行覆盖，以充分发挥其保水作用。覆盖物的量要适中，过多会影响油棕根系呼吸和土壤透气性，过少则效果不佳。在覆盖过程中，要注意观察油棕的生长情况，及时发现并防治病虫害。

图 3-8　油棕园全园覆盖

（二）中耕松土

中耕松土对油棕的生长和产量具有显著影响，能够促进根系生长，改善土壤结构，增加土壤的透气性，有利于油棕根系的生长和扩展，从而增强其吸收水分和养分的能力。油棕在不同生长阶段对中耕松土的需求不同。在全苗后出现两三片真叶时结合间苗追肥进行第一次中耕；至四、五片真叶后，结合定苗追肥进行第二次中耕。

中耕松土的方法分为土表中耕和浅土层中耕。中耕松土应与施肥相结合，以便更好地促进油棕的生长和发育。中耕松土后，应及时灌溉或保持土壤湿度，以避免土壤过于干燥而影响油棕的生长。

（三）深翻改土或深沟盖草培肥

深翻改土能够改善土壤的物理结构，增加土壤的透气性和保水性，促进油棕根系的生长和发育，提高土壤肥力，为油棕的生长创造良好的土壤条件。深翻改土在油棕种植后 2～3 年内的幼龄期进行为宜。

深翻改土的方法分为机械深翻和人工深翻。机械深翻使用专业的农业机械，如旋耕机、深耕机等对油棕种植地进行深度挖掘和翻转，挖掘深度通常为 30～50 厘米。在一些小规模种植或机械难以操作的区域，可采用人工深翻的方式，但这种方法效率较低，劳动强度大。在深翻改土时应注意操作的准确性，尽量减少对油棕根系的损伤。深翻时可同时施入有机肥料，如腐熟的农家肥、绿肥等，以提高土壤肥力。不宜在土壤过湿或过干时进行深翻，以保证深翻效果和土壤结构不受破坏。深翻改土后，要及时进行浇水、除草等管理措施，促进土壤熟化和油棕生长。

此外，也可采用深沟盖草培肥的形式，其作用与深翻改土相似。深沟盖草培肥即按深翻改土的规格挖好沟后，只进行压青和施肥，盖上地膜，在地膜上打洞，而不回土覆盖。这样挖一次沟可以连续使用 3～5 年。深沟盖草培肥最好在 10 月至翌年 2 月挖沟、盖草，以后每年 8—10 月加盖草、盖地膜一次。磷肥要在盖膜前施下，其他易溶性化肥分少量多次撒施在地膜上面，下雨时溶解流入培肥层中被油棕根吸收。

第二节　施肥

油棕经济寿命长达20～30年，其生长量和对养分的需求量均较大，应及时施肥补充养分，否则油棕营养元素容易亏缺，不能满足其生长发育的需要，造成减产。施肥可为油棕生长提供必要的营养元素，促进光合作用和养分吸收，增加果实数量和重量，从而显著提升油棕的产量。充足且均衡的施肥有助于优化油棕果实中油脂的成分和质量，提高棕榈油的品质和价值。保证油棕有足够的养分，能增强其对病虫害、气候灾害等的抵抗能力。在面对干旱或病害侵袭时，营养良好的油棕树可存活并保持一定产量的能力更强。长期合理施肥能够补充土壤中被消耗的养分，改良土壤结构和微生物群落，提高土壤的保水保肥能力，为油棕的长期健康生长提供良好的基础。科学的施肥方式有助于减少资源浪费和环境污染，实现油棕种植的可持续发展。与大多数作物对化肥具有季节性要求不同，油棕需要根据不同生长时期进行施肥。

研究表明，当氮肥施用量增加到一定程度，如每株1.5千克/年时，油棕的鲜果串产量提高25%，但超过该用量后，增产效果不再显著。采用氮磷钾平衡施肥的处理组，油棕果实的含油率提高了8%，土壤有机质含量增加了12%。在5年的田间试验中，使用缓控释肥的油棕园，肥料利用率提高了30%，平均每年的产量增加约15%。有机无机肥结合施用的地块，油棕茎围增长速度比单一施用无机肥的地块快15%，土壤pH值稳定在5.8～6.2。在模拟气候变化的条件下，优化施肥方案使油棕在干旱年份的产量损失减少了20%。采用精准施肥技术的油棕园，肥料投入成本降低了18%，同时产量提高了10%左右。

一、油棕养分需求特性

油棕生物产量大，每年收获的果串会带走其大量的营养元素，且油棕树体高大，本身需肥量就相当大。油棕从土壤中吸收的营养元素，除钾与椰子差不多外，均大大超出其他主要热带经济作物。因此，应随着油棕不断收获和树体不断生长，及时为其补充营养元素，否则种植地块的土地自然肥力将在收获一段时间消耗殆尽，导致油棕产量急剧下降。

（一）养分需求来源

油棕对养分的需要，主要有以下几个来源。

1. 土壤

土壤中原始的自然肥力是油棕良好的养分来源，可以在种植园最初收获的几年中提供大部分养分。土壤的自然肥力与土壤类型和地域有关，如在东南亚，矿质土是自然地力较好的土壤；泥炭地、沼泽因为透水性良好且多处于低洼地带，土壤中有机物含量高，氮素丰富，但矿质营养元素尤其是钾易流失，需要大量补充；冲积层土壤多为砂质土壤，通常不缺乏钾和镁元素，淡水冲积而来的河床地带的冲积土可能缺乏硼元素。油棕喜欢湿润、排水良好且富含有机质的土壤。有机质对根系生长发育和养分吸收至关重要。土壤有机质不仅能提供必要的营养，还能改善土壤结构，增强土壤保水保肥能力。土壤可以为油棕提供所需的钾、磷、镁等主要营养元素，这些元素是油棕正常生长和发育的必需元素。油棕适宜的土壤 pH

值为 5.0～7.5，过高或过低的酸碱度都会对油棕的生长发育和产量造成不利影响。

2. 微生物

油棕与多种微生物形成共生关系以满足其部分养分需求。菌根真菌是油棕重要的微生物养分来源之一。菌根真菌能够帮助油棕更有效地吸收土壤中的磷、锌等养分，增强油棕对土壤养分的利用能力。固氮微生物，如某些根瘤菌，能将大气中的氮气转化为可被油棕利用的氮化合物，为油棕提供氮素营养。此外，一些有益的土壤微生物群落可以分解有机物质，释放出可供油棕吸收的养分，如钾、钙等。在实际的油棕种植中，通过合理的土壤管理和微生物群落维护，可以促进这些微生物的活动，从而更好地满足油棕的养分需求，提高油棕的生长和产量。

3. 施肥

施肥是油棕养分来源的重要部分，且油棕需肥量大、需肥时间连续。通常，氮、磷、钾元素可通过投放大量无机肥料实现，而镁、铁、锰、镍、锌等微量元素，多通过与氮、磷、钾组成的复合肥混合后，以油棕专用肥的形式出现在市场上，这些微量营养元素肥料，多为叶面肥或者待效肥（图 3-9）。油棕不同生长阶段的养分需求有所侧重，幼龄油棕侧重于氮、磷肥的供应，以建立良好的树冠和根系；成龄油棕，特别是在花果期，对钾、磷肥的需求增加，以保障果实产量和质量。施肥的养分供应要与土壤的养分基础相结合，同时考虑气候条件和种植密度等因素的影响，以实现精准施肥。油棕园施肥情况见图 3-10。

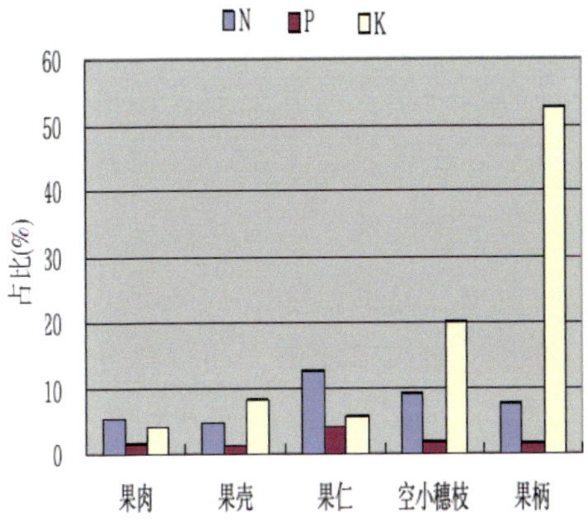

图 3-9　油棕各营养元素需求占比

图 3-10　油棕园施肥

（二）油棕对不同营养元素的需求

1. 氮

在油棕幼龄期，充足的氮供应有助于促进植株的快速生长，包括茎干的伸长、叶片的增多和叶面积的增大，从而构建良好的树冠结构，研究表明，每年给幼树施硫酸铵有显著的正效应。在油棕成龄后，氮对于维持叶片的光合作用效率、保障果实的产量和质量具有重要意义，氮肥需要和有机肥、磷、钾肥配合使用，油棕施氮肥量约为300千克/公顷。氮素不足可能导致叶片变黄、变小，光合作用能力下降，进而影响果实的数量和含油量。油棕对氮的需求量较大，但具体的量受到土壤氮素含量、种植密度、气候条件等因素的影响。在土壤氮素贫瘠的地区，需要通过施肥来补充足够的氮，以满足油棕的生长和生产需求。同时，氮的供应形式和施肥时机也会影响油棕对氮的吸收和利用效率。如缓释氮肥在长期供应氮素方面具有一定优势。

2. 磷

在油棕生长初期，磷有助于根系的良好发育，为油棕植株的稳固生长奠定基础。在花芽分化阶段，充足的磷能促进花芽形成，保障后期的开花结果。对于果实发育来说，磷能提高果实的品质和含油量。油棕对磷肥的需求随树龄的增加而增多，在第五至第十年呈稳衡状态，在第十年后开始下降。然而，油棕对磷的吸收和利用效率相对较低，土壤中磷的有效性常常成为限制油棕生长和产量的关键因素。油棕对磷的需求在不同的土壤类型和种植环境中有所差异。如在酸性土壤中，磷容易被固定，油棕对有效磷的需求更为迫切。

3. 钾

油棕对钾的需求量较大，尤其是在成龄期和果实发育阶段。钾有助于增强油棕的抗倒伏能力，提高其对干旱和病虫害的抵抗力。在果实形成和油脂积累过程中，钾能促进果实饱满，增加果实含油量和品质。缺钾会导致油棕叶片发黄、边缘焦枯，生长减缓，产量下降，叶片钾≤0.9%干重被认为是缺钾，缺镁有时是由大量使用钾肥引起的。充足的钾供应能够优化油棕的光合作用效率，维持细胞的渗透压，促进养分的运输和转化。

4. 硼

油棕在花芽分化和生殖生长阶段对硼的需求较为关键。适量的硼能够促进花粉的萌发和花粉管的伸长，提高授粉受精的成功率，从而增加果实的产量和质量。硼不足时，油棕往往会出现花芽发育不良、落花落果增多、果实畸形等问题。硼过量会对油棕产生毒害作用，影响其正常生长。油棕对硼的需求量相对较少，但缺乏或过量都会对其生长和产量产生显著影响，因此在施肥管理中，需要精确控制硼的施用量，以满足油棕的适宜营养需求。8～10 年生的油棕对硼的吸收总量为 0.612 千克 / 公顷，其中营养生长部分为 0.557 千克 / 公顷。

二、油棕营养诊断

（一）不同叶序油棕营养元素含量及其变化规律研究

科学施肥是油棕高产稳产的重要保障。目前马来西亚等国开展了油棕叶片营养诊断的研究，Chapman 和 Gray 最先在油棕施肥试验中发现叶片磷、钾含量都和产量有关。试验表明，在钾 / 磷比率低的地方，施钾增加了油棕产量，而在钾 / 磷比率高的地方，施磷提高了油棕的产量，但在钾 / 磷比率很低的地方，加强施磷会进一步破坏钾磷平衡，降低油棕的产量；此外施钾有助于对氮的吸收。Prevot 和 Ollagnier 提出油棕“临界水平”，即一种元素在叶片（按干物质计）中的含量，施用含有这种元素的肥料超过这个水平后就不会增产，并提出第 17 片叶中各元素的临界水平为：氮 2.5%，磷 0.15%，钾 1.0%，钙 0.6%，镁 0.24%，氯的合适含量为 0.5%～0.6%（图 3-11）。

由于叶片营养诊断的结果与土壤、株龄、采样部位等关系密切，在进行叶片营养诊断时，应确定采样方法、采样时间、具体指标等。针对油棕叶片采样标准的研究，Knecht J C 等认为取第 17 片叶作为采样标准；Woo Y C 等研究表明，微量元素硼在油棕体内相对不移动，不能从新叶移动到老叶，认为分析第 3 片叶比第 17 片叶更能了解油棕体内硼的总体状态；中国热带农业科学院椰子研究所油棕研究中心对油棕采样研究表明，油棕成龄树的 N、P、K、Ca、Na 元素养分含量在第 20～22 片叶间，Fe、Mn、Cu、Zn 元素在第 16～18 片叶间差异不显著，认为选取第 20～22 片叶作为 N、P、K、Ca、Na 元素养分含量分析样品，第 16～18 片叶作为成龄油棕 Fe、Mn、Cu、Zn 元素含量的分析样品是有代表性的。不同树龄油棕叶片 5 种元素含量始终保持 N ＞ K ＞ Ca ＞ Mg ≥ P。在幼龄期，N 和 P、K 和 Mg 元素间存在增效作用，在初始花期 N 和 K、K 和 Mg 元素间存在增效作用；在结果初期，N 与 K 元素间存在增效作用，K 和 Ca 元素间存在拮抗作用。

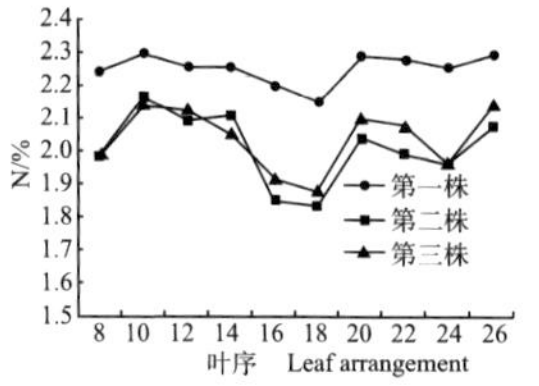

N

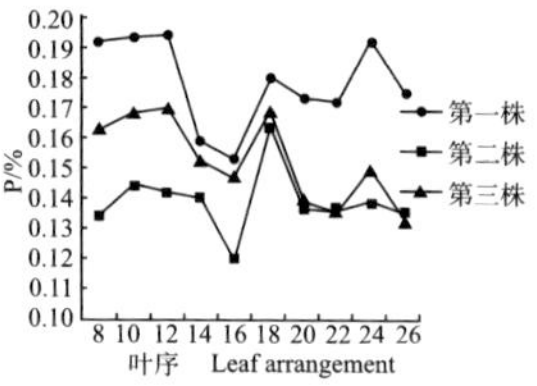

P

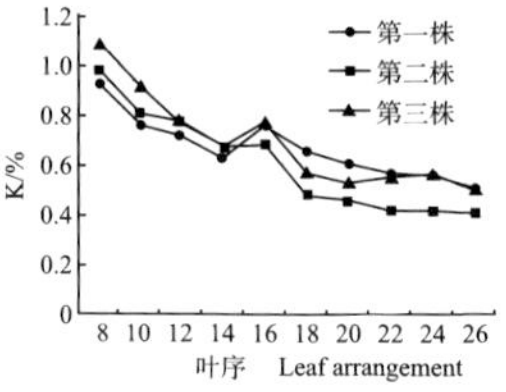

K

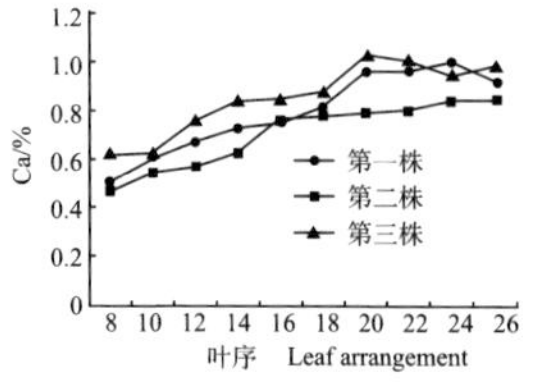

Na

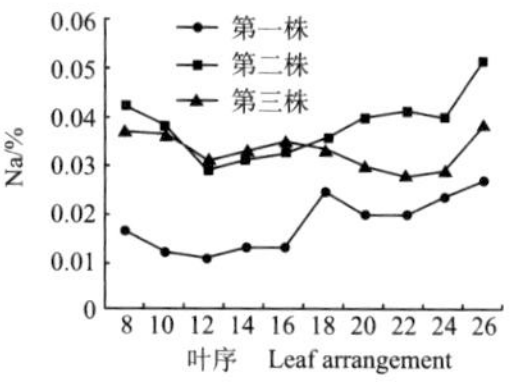

Mg

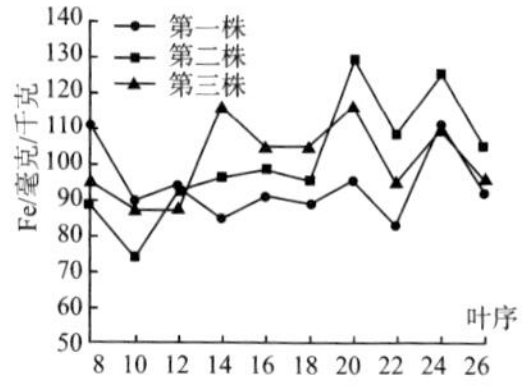

Fe

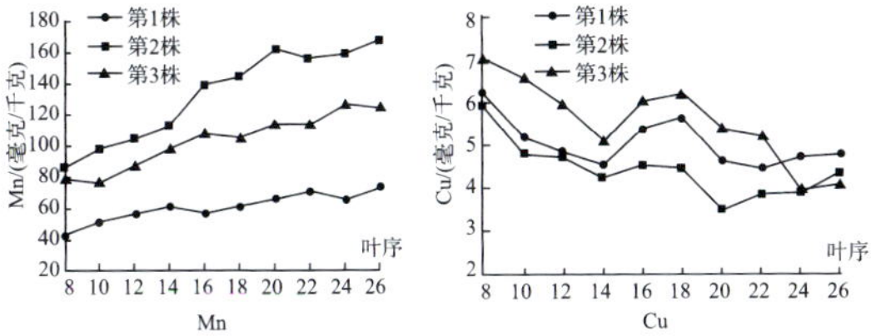

图 3-11　不同叶序油棕营养元素含量及其变化规律研究

一般认为，旱季和暴雨季时不适于采样而在旱季的末期最适于采样，因为此时叶片中磷、钾、镁的含量最高，株龄间差异也最大；而在雨季开始时氮素含量会骤增，此时不适于采样（图 3-12，图 3-13，图 3-14）。

图 3-12　土壤采样

图 3-13　叶片营养诊断采样

图 3-14　缺钾严重的油棕

肥料种类和用量，根据具体地块和定植年份而定，施肥频率在成熟油棕种植园中为 3～4 次 / 年。油棕施肥的种类为有机肥、化肥和配方混合肥。有机肥可以使用农作物秸秆、绿肥、厩肥、堆肥、沤肥、沼肥、饼肥等，有机肥施用前要充分发酵腐熟。化肥可施用氮、磷、钾、镁、硼单一化肥，也可施用多元素配方混合肥。此外，油棕的需肥量也与外界的环境条件密切相关，在干旱条件下，叶片氮素和磷素的含量降低，但对钾素的含量影响不大。研究表明，不同的施肥量及比例对油棕果串数的影响不大，但对果穗重的影响较大。

（二）不同树龄油棕营养元素含量及其变化规律研究

对不同树龄油棕按生长期分为幼龄期（8 个月）、初始花期（18 个月）和结果初期（30 个月）三个阶段，对三个阶段的油棕树进行叶片营养元素含量的测定。结果表明，不同树龄油棕各营养元素含量不同。8～30 个月的 N 含量随着树龄的增大先减少后增加，其中 8 个月的油棕 N 含量显著差异于 18 个月和 30 个月的，但 18 个月和 30 个月的油棕 N 含量差异不显著。K 含量在 8～18 个月树龄时增大，18 个月后随着树龄的增大而减少。油棕 P、Ca 和 Mg 含量与树龄没有一定的规律性，三种元素含量在 8～30 个月均无显著差异（表 3–1）。

表 3–1　不同树龄油棕营养元素含量　单位：%

树龄（月）	N	P	K	Ca	Mg
8	2.75±0.18 a	0.23±0.02 a	0.95±0.05 ab	0.44±0.02 a	0.24±0.1 a
18	2.21±0.04 b	0.22±0.01 a	1.02±0.05 a	0.42±0.03 a	0.24±0.01 a
30	2.30±0.08 b	0.23±0.0 a	0.81±0.03 b	0.52±0.04 a	0.23±0.01 a

对三个阶段的油棕叶片中 5 种营养元素的含量之间作相关分析（表 3–2），结果表明，在不同生长阶段油棕 5 种元素间的相关性不完全一致，且各元素含量间相关性的显著水平也不同。随着树龄的增大，除了 N 和 Ca、P 和 K 元素含量间均呈现一致的负相关外，其他元素含量间相关性的趋势不一致，其中 N 和 P、K 和 Mg 元素含量间的相关性随着树龄的增加均从正相关到负相关，且相关系数逐渐减

小；N 和 K 元素含量间从负相关到正相关，相关系数先增大后减小；K 和 Ca 从正相关到负相关，相关系数先减小后增大。经显著水平分析表明，除了在幼龄期 N 和 P、K 和 Mg 元素含量呈极显著正相关，在初始花期 N 和 K、K 和 Mg 元素含量呈显著正相关，以及在结果初期 K 和 Ca 元素含量呈显著相关外，其他元素含量间的相关性均未达显著水平。

研究认为在不同树龄期油棕 N 和 Ca、P 和 K 元素间均存在拮抗作用，在幼龄期，N 和 P、K 和 Mg 元素间存在增效作用，在初始花期 N 和 K、K 和 Mg 元素间存在增效作用；在结果初期，N 与 K 元素间存在增效作用，K 和 Ca 元素间存在拮抗作用。

表 3-2　油棕叶片中 5 种营养元素含量间相关系数

树龄（月）	元素	N	P	K	Ca
8（幼龄期）	P	1.00**			
	K	−0.79	−0.82		
	Ca	−0.04	−0.1	0.65	
	Mg	−0.75	−0.79	1.00**	0.69
18（初始花期）	P	−0.29			
	K	0.81*	−0.6		
	Ca	−0.19	−0.26	−0.29	
	Mg	0.56	−0.41	0.80*	−0.15
30（结果初期）	P	−0.13			
	K	0.63	−0.54		
	Ca	−0.37	0.57	−0.65*	
	Mg	−0.51	0.13	−0.57	0.63

注：* 表示 5% 水平上显著相关，** 表示 1% 水平上显著相关。

中国热带农业科学院椰子研究所油棕研究中心分别于 2018 年、2019 年和 2023 年对印度尼西亚油棕园的土壤和叶片的养分含量进行测定发现，该园土壤 pH 值较低，碱解氮、速效钾、交换性钙等含量偏低，有效磷含量中等，有效铁、硼和铜等元素含量偏高，可溶性铝含量极高。叶片磷、钾、镁含量偏低，铁、铜、铝含量偏高。

（三）油棕果穗矿质营养元素累积特性

以油棕成熟果穗为材料，研究果穗中各部分生物量的构成特点、矿质营养元素含量和累积分配特性。结果表明，在果穗发育过程中，氮的累积通常在早期较为迅速，以支持果实的生长和细胞分裂。在幼果期，氮的大量累积有助于构建果实的基本结构和蛋白质合成。磷元素对于果实的成熟和种子发育至关重要，累积量在果实发育中后期逐渐增加。在果实接近成熟阶段，磷的累积有助于提高果实的品质和种子的活力。钾元素在整个果穗生长过程中都有累积，对维持果实的膨大和提高果实的抗逆性有重要作用。在果实快速膨大期，钾的充足供应能保证果实的正常生长和发育。钙元素在果穗发育前期累积较慢，后期累积加快，对维持果实的硬度和防止生理性病害有积极意义。镁元素参与叶绿素的合成和光合作用，其累积量与果实的光合作用效率和能量供应相关。

1. 果穗不同器官的生物量特点

由表 3-3 可见，不同品种的果穗其各部位的干物质量与分配率不同，品种 C8 果穗总干重为 5.21 千克 / 串，比品种 3-1 的少，但品种 C8 的果肉与空小穗枝的分配率比品种 3-1 的高。品种 C8 果实（果肉、果壳和果仁）干物质占果穗的 81.2%，果肉、果壳、果仁的干物质比例为 4.4∶1.1∶1，品种 3-1 果实干物质占果穗的 87%，果肉、果壳、果仁的比例为 3.1∶1.4∶1。可见，同等质量果穗的两个品种，品种 C8 的果肉和果仁的分配率总和比品种 3-1 的高，即其利用率比品种 3-1 的高。

表 3-3　果穗不同部位干物质的累积与分配

部位	C8		3-1	
	干重（千克 / 串）	分配率（%）	干重（千克 / 串）	分配率（%）
果肉	2.87	55.1	2.79	49.3
果壳	0.71	13.6	1.23	21.7
果仁	0.65	12.5	0.90	16.0
空小穗枝	0.77	14.8	0.49	8.6
果柄	0.21	4.0	0.25	4.5
总计	5.21		5.66	

2. 果穗不同部位矿质元素含量

由表 3-4 可见，资源 C8 和 3-1 两个油棕品种果穗中各部分的 N、P、K、Ca 和 Mg 含量的分布规律大体相同，其中 N 均以果仁含量最高，分别为 12.73 克 / 千克和 11.77 克 / 千克，果壳含量最低，分别为 4.88 克 / 千克和 4.85 克 / 千克；P 均以果仁含量最高，分别为 4.10 克 / 千克和 3.96 克 / 千克，空小穗枝含量次之；K 均以果柄含量最高，分别达到 52.69 克 / 千克和 60.37 克 / 千克，空小穗枝含量次之；Ca 含量均表现为果柄 > 空小穗枝 > 果肉 > 果仁 > 果壳，Mg 含量均表现为果仁 > 果壳 > 空小穗枝 > 果肉 > 果柄。

表 3-4　果穗不同部位矿质元素含量　　单位：克 / 千克

品种	部位	N	P	K	Ca	Mg
C8	果肉	5.45±0.62	1.55±0.04	4.19±0.06	1.28±0.01	1.93±0.11
	果壳	4.88±0.29	1.32±0.06	8.13±0.11	0.74±0.02	2.82±0.10
	果仁	12.73±0.29	4.10±0.63	5.78±0.14	1.11±0.04	3.15±0.09
	空小穗枝	9.08±0.97	1.76±0.07	20.04±0.47	2.48±0.03	2.62±0.08
	果柄	7.49±0.44	1.65±0.11	52.69±0.65	3.38±0.07	1.92±0.10

续表

品种	部位	N	P	K	Ca	Mg
3-1	果肉	6.04±0.07	1.70±0.09	7.36±0.23	1.27±0.03	2.01±0.07
	果壳	4.85±0.25	1.27±0.01	5.99±0.19	0.49±0.08	2.17±0.13
	果仁	11.77±0.22	3.96±0.53	5.67±0.06	0.87±0.02	2.67±0.05
	空小穗枝	5.25±0.30	1.71±0.12	18.60±0.57	2.48±0.20	2.11±0.03
	果柄	7.29±1.30	1.48±0.02	60.37±0.49	2.52±0.01	1.86±0.10

经比较，两个品种中N含量仅在空小穗枝达显著差异（$P < 0.05$，下同），P均无显著差异，K除了果仁含量无显著差异外，其他部位均达显著差异，Ca含量在果壳、果仁、果柄均达显著差异，Mg在果壳、果仁、空小穗枝均达显著差异，其他无显著差异。此外，相同元素在不同部位的含量均达显著差异。

3. 果穗矿质元素累积分配特性

由表3-5可见，C8果穗中N、P，K、Ca、Mg元素吸收累积量均低于3-1，其中C8每串果穗中累积吸收N 35.97克、P 9.76克，K 48.10克、Ca 7.55克、Mg 11.99克，3-1每串果穗平均累积吸收N 37.83克、P 11.08克、K 57.38克、Ca 6.78克、Mg 12.17克。但两个品种的果穗矿质元素吸收累积量和分配率规律大体相同，其每串果穗总累积量均为K > N > Mg > P > Ca，且各元素主要分配到果实中，果实占相应元素吸收累积量的44.8%以上。两个品种中除了3-1的K元素吸收累积量与分配率为果实 > 果柄 > 空小穗枝外，其他元素的吸收累积量与分配率均为：果实 > 空小穗枝 > 果柄。而果实中均以果肉的吸收累积量最高，均占相应元素总吸收累积量的25%以上。

表 3-5　果穗不同部位矿质元素累积与分配

品种	部位	累积量 /（克 / 串）					分配率 /%				
		N	P	K	Ca	Mg	N	P	K	Ca	Mg
C8	果肉	15.64	4.45	12.03	3.67	5.52	43.48	45.58	25.00	48.66	46.08
	果壳	3.46	0.94	5.77	0.53	2.00	9.63	9.60	12.00	6.96	16.67
	果仁	8.27	2.67	3.76	0.72	2.04	23.00	27.31	7.81	9.56	17.05
	空小穗枝	7.01	1.36	15.48	1.92	2.02	19.50	13.93	32.18	25.37	16.88
	果柄	1.57	0.35	11.06	0.71	0.40	4.37	3.55	23.00	9.40	3.35
	总计	35.97	9.76	48.10	7.55	11.99					
3-1	果肉	16.85	4.74	20.54	3.54	5.61	44.55	42.81	35.79	52.26	46.08
	果壳	5.95	1.56	7.35	0.60	2.66	15.73	14.07	12.81	8.87	21.88
	果仁	10.63	3.58	5.12	0.79	2.41	28.09	32.27	8.92	11.58	19.77
	空小穗枝	2.55	0.83	9.04	1.21	1.02	6.75	7.50	15.76	17.78	8.41
	果柄	1.85	0.38	15.33	0.64	0.47	4.89	3.39	26.72	9.44	3.87
	总计	37.83	11.08	57.38	6.78	12.17					

由此可见，果穗中各营养元素含量与品种及各部位有关，而元素吸收累积量与其元素含量大小及相应部位的干物质量相关。果穗中N、P、Mg以果仁含量最高，K、Ca以果柄含量最高。从本结果看，油棕果穗中N和K的累积量大，每串果穗中含有N和K分别为36克和50克左右。以每株每年平均生产果穗12串算，则每株油棕生产果穗将消耗N约432克，K约600克。因此，油棕在果穗大量生产期施肥应以氮、钾肥为主，配合施用磷镁肥。

三、施肥技术

（一）油棕施肥管理

分别对 1～2 年生油棕（幼龄树）和 3～4 年生油棕（成龄树）的油棕园土壤养分进行测定（表 3-6），并结合上文油棕树体和果穗的营养含量测定结果，初步确定施肥方法并进行施肥应用。方法如下。

对定植后前 3 年的油棕树施肥量为：每株每年施 20～30 千克腐熟的农家肥（如鸡粪、猪粪等）或有机肥（有机肥含量≥ 45%），施 1～2 千克复合肥（$N:P_2O_5:K_2O=15:15:15$）或硫酸铵 0.5～1.0 千克，过磷酸钙 1～2 千克，氯化钾 0.3～0.7 千克。定植 3 年（进入生产期）后施肥量为：每株每年至少施 60～100 千克农家肥或有机肥（也可每 2～3 个月浇灌 1 次人畜尿，每次每株 50～60 千克）。施 3～5 千克复合肥或硫酸铵 1.5～2 千克，过磷酸钙 3～5 千克，氯化钾 0.5～1 千克。

施肥次数与时间定植后前 3 年施肥次数应多，少量多次，随着油棕树不断生长，施肥次数可减少。每年用肥宜分 2 次施用，一半肥料在每年雨季开始时施用，另一半肥料在每年雨季结束的前 1 个月施用，或在油棕生长发育较快期（4—10 月）和果实迅速发育期施用。若种植园土壤结构良好，保水保肥力强，则每年只需施肥 1～2 次，而保水保肥力差的瘦瘠土壤，则应施 3～4 次。

施肥方法通常采用环沟或侧沟施肥，即在离油棕树基 0.5～1.5 米处，挖深 30～40 厘米，宽 25～30 厘米的沟，肥料撒入沟内后覆土即可。施肥位置采用东、西、南、北轮换方向进行。

表 3-6 油棕园土壤养分情况

园区	pH	有机质 /%	全 N /（克 / 千克）	有效 P /（毫克 / 千克）	速效 K /（毫克 / 千克）
幼龄区 0～20 厘米	5.25±1.54	1.60±0.21	0.63±0.20	31.33±11.39	26.69±10.08
幼龄区 0～40 厘米	5.25±1.00	0.91±0.11	0.42±0.02	13.14±12.99	27.39±10.43
成龄区 0～20 厘米	5.40±1.12	1.27±0.27	0.59±0.18	14.34±10.21	33.14±8.94
成龄区 0～40 厘米	5.06±1.04	0.68±0.22	0.38±0.15	10.32±8.62	28.31±10.63

定植当年由于施足基肥，通常不再施肥，一般在定植后第二年开始施肥。施肥时间在雨季来临前或雨季时期为宜；施肥量随树体的增长逐年增加，每株每年施 30～100 千克的有机肥，0.5～2 千克复合肥。幼树以施氮肥为主，适当配合磷钾肥和补施其他肥料；施肥次数每年 2～3 次，化肥则少量多次。施肥方法一般沿着油棕树的滴水线挖沟，每次长度占 1/4 圆周，四周轮换施用。化肥施用量比例为 N：P：K=1：1.04：1.38。

（二）肥料种类

油棕施用施肥种类分为有机肥、化肥、生物肥和配方混合肥，通常以施发酵充足、腐熟、浓度较稀的粉状有机肥为主，氮、磷、钾肥为辅。

有机肥能够改善土壤结构，增加土壤肥力，提高土壤保水保肥能力，促进土壤微生物的活动。应作为基肥大量施入，可与化肥配合使用。如腐熟的农家肥、堆肥等，在种植前均匀撒施于种植穴内。

复合肥含有多种营养元素，能提供较为全面的养分，满足油棕不同生长阶段的需求。据油棕的生长阶段和土壤肥力状况选择合适的复合肥，可通过沟施或穴施的方式进行施用。

氮肥能够促进油棕植株的生长和叶片发育，增加叶片数量和面积，提高光合作用效率。可在油棕幼龄期和营养生长阶段适量增加氮肥的施用，常见的氮肥有尿素、氯化铵、硫酸铵等，可通过沟施或穴施的方式施入。研究表明，在油棕幼龄期，每株每年施尿素 1～2 千克，能显著促进植株生长。

磷肥有助于油棕根系的生长和发育，增强植株的抗逆性，促进花芽分化和果实发育。磷肥在油棕种植前作为基肥施入，或在开花结果期适量追施。常用的磷肥有过磷酸钙、磷酸二铵等，通常与有机肥混合后施入土壤。研究表明，在油棕开花前，每株施用过磷酸钙 1～1.5 千克，可提高结实率。

钾肥能够增强油棕的抗倒伏和抗病虫害能力，促进果实的饱满和油脂的积累，提高果实品质。油棕结果期应增加钾肥的施用量，可采用撒施或条施的方法。钾肥的选择性不多，常见的钾肥有氯化钾、硫酸钾，其他钾肥往往存在成本都高、危险性大等问题。研究表明，油棕进入盛果期后，每年每株施硫酸钾 2～3 千克，有助于提高果实含油量。

（三）施肥量

施肥量根据油棕树龄、发育状况、土壤条件、肥料种类等来确定。在幼龄期每株每年施有机肥 20～30 千克，追肥以氮为主，适当配合磷、钾肥；在成龄期每株每年施有机肥 60～100 千克，多施磷钾肥，适当使用氮肥。

1. 施肥量计算

油棕的施肥量根据目标产量进行估算。油棕施肥量采用目标产量需肥量和土壤供肥量之差计算。每公顷油棕树某一元素肥料的施肥量为：

$$m_1 = \frac{c_1 \times m - c_2 \times 2.25 \times c_3}{c_4 \times R}$$

式中，m_1：每公顷油棕树的某一元素的施肥量；

c_1：每公顷油棕果实中该元素含量；

m：每公顷油棕的产量；

c_2：土壤中该元素的含量；

c_3：土壤校正系数；

c_4：肥料中该元素的含量；

R：肥料利用率。

肥料利用率参考值为氮肥 30%～50%，磷肥 20%～25%，钾肥 50%，镁肥 20%，硼肥 20%。

2. 定植前施肥

油棕定植前 1 个月，每穴施入充分腐熟的鸡粪 50 千克和复合肥（N：P：K=15：15：15）0.5 千克作基肥。

3. 非生产期施肥

非生产期油棕施肥每株每年施硫酸铵 1.2～3.5 千克，过磷酸钙 0.3～0.4 千克，氯化钾 1.1～1.4 千克，硫酸镁 0.6～0.8 千克，硼砂 0.05～0.1 千克，有机肥 20～30 千克。施肥配比为 N：P_2O_5：K_2O：MgO=1：0.6：2.8：0.8：0.2。

4. 生产期施肥

生产期油棕每株每年施硫酸铵 5～8.5 千克，过磷酸钙 1.3～1.6 千克，氯化钾 2.2～2.9 千克，硫酸镁 1.6～2.4 千克，硼砂 0.1～0.2 千克，有机肥 30～60 千克。施肥配比为 N：P_2O_5：K_2O：MgO=1：0.6：1.7：0.3：0.04。

（四）施肥时间和次数

油棕施肥时期应根据生长阶段、土壤内营养元素、气象条件和肥料种类等因素来确定。我国油棕施肥时间在 3 月、7 月、10 月、12 月最佳，有机肥可在 3 月、10 月施用，化肥则少量多次。通常一年施肥 2 次，每次施肥量为油棕年需施肥量的一半。在我国海南省，雨季通常是 5—10 月，旱季为 11 月至翌年 4 月，雨季来临后油棕进入快速生长期。4—5 月施肥能够使油棕快速吸收利用，开花结果。海南省在 12 月至翌年 2 月处于冬季低温时期，10—11 月施基肥能够增强油棕对低温的耐受性。追肥最佳时间为 4—5 月、10—11 月，10—11 月是油棕果穗大量成熟时期，果穗将带走大量养分，此时期施肥可及时补充养分。追肥可与基肥一起施用。

因气候等因素的差异，不同国家施肥时间和次数有所不同。马来西亚的种植园通常在油棕定植的前 3～5 年幼龄期每年施肥 4～6 次，定植 5 年后的成年期每年施肥 2～3 次。印度尼西亚的种植园通常在油棕幼龄期每年施肥 5～7 次，成年期每年施肥 3～4 次。尼日利亚的种植园通常在油棕幼龄期每年施肥 3～5 次，成年期每年施肥 2～3 次。

（五）施肥方法

油棕施肥应选择天气晴朗、土壤干燥时进行，若阴雨天施肥，树根吸收水分速度较慢，养分不易吸收且会被雨水冲失，造成浪费。油棕施肥方法主要有撒施、穴施、沟施、条施和放射状施肥，根据肥料种类、土壤类型和树龄等因素进行选择。氮肥在土壤中移动性较强，易被根系吸收，可浅施；钾肥和磷肥在土壤中移动性较差，宜深施至根系分布最多处；沙地、坡地、岩石易造成养分流失，施肥宜深施。通常非生产期采用环状沟施肥，生产期采用条状沟施肥。比较分析发现，撒施人工成本相对较低，但存在肥料易流失和长期撒施导致根系上浮的问题。放射状沟施、环状沟施和穴施的肥料利用效果较好，但人工成本较高，适合小型油棕园和土地不平整的油棕园。条状沟施施肥效果好，施肥成本居中，适合机械施肥，适用于面积较大的油棕园。

①环状沟施肥（图 3-15）。在树干周围，沿着树冠垂直投影处，围绕树干挖环状沟，沟长 80～120 厘米，宽 25～35 厘米，深 20～30 厘米，将肥料施入沟内混合均匀，回填，施肥位置每次轮换。

②条状沟施肥（图 3-16）。在油棕园的行间或株间挖条状沟进行施肥，即沿树冠投影边缘的两侧，分别挖平行的施肥沟，沟长 100～150 厘米，宽 40～50 厘米，深 20～30 厘米，将肥料施入沟内混合均匀，回填。施肥位置每次轮换。

③放射状沟施肥。距主干 1 米以外处，顺水平根生长方向，挖 5～8 条放射状沟，沟长 80～100 厘米，宽 20～30 厘米，深 20～30 厘米，将肥料施入沟内混合均匀，回填，施肥位置每次轮换。

图 3-15 环状沟施肥

图 3-16 条状沟施肥

第三节　授粉

油棕为雌雄同株异花植物，且花期不同时，不利于自然授粉，授粉不良会导致果实发育异常、产量降低和品质下降，通常需要人工辅助或授粉象甲（象鼻虫）授粉，才能获得高产。其授粉方式包括风媒和虫媒。风媒授粉在一定程度上可以发生，但虫媒授粉通常更为重要。

一、人工授粉

见第一章第一节。

二、油棕授粉昆虫授粉——象鼻虫授粉

（一）象鼻虫授粉的研究历史

早期阶段，人们对于油棕象鼻虫在油棕授粉中的作用认识较为有限。随着研究的深入，逐渐发现油棕象鼻虫在油棕花的访问和传粉过程中扮演着重要角色。

20 世纪中叶，初步观察到油棕象鼻虫与油棕花之间的关联，但当时主要是基于田间观察和基本的形态描述，研究发现油棕象鼻虫在油棕种植区较为常见，但其授粉作用未被充分重视。当时的观察数据显示，油棕花中象鼻虫的出现频率为每 10 朵花中有 2～3 只。

到了 20 世纪后期，随着昆虫学和植物学研究技术的进步，研究人员能够更深入地探究油棕象鼻虫的行为、生态特征以及其与油棕花

的相互作用机制。一些研究通过标记追踪象鼻虫的活动，发现它们在油棕花间的移动较为频繁。据统计，在特定时间段内，一只象鼻虫平均访问油棕花的数量为 15～20 朵。

进入 21 世纪，借助更先进的监测技术，研究表明象鼻虫在油棕授粉中的贡献率为 30%～40%。例如，有研究在多个油棕种植园中，对比有象鼻虫参与和无象鼻虫参与的授粉情况，发现果实的结实率相差约 15%。

近年来，利用分子生物学和基因分析等先进技术，进一步揭示了象鼻虫在油棕授粉过程中的遗传和进化方面的特征，为更全面理解油棕象鼻虫的授粉作用提供了新的视角。通过对象鼻虫种群的季节变化对坐果率影响的研究表明，由于授粉效率受降水量、降水天数、相对湿度的影响较大，所以在干旱的季节，种群数量最少，但是坐果率高，在雨季，种群数量最多，但坐果率最低。在开花后的第三天，象鼻虫大量聚集在花序的周围（图 3–17），授粉量最高，一天中，正午时候的象鼻虫数量最少。

图 3–17　油棕授粉象甲成虫聚集雄花

（二）利用象鼻虫进行授粉的优点

一是提高授粉效率。象鼻虫能够快速且有效地访问大量的油棕花朵进行授粉，有助于增加果实的结实率。例如，研究发现象鼻虫一天内可以访问众多花朵，大大提高了授粉的范围和速度。自然适应性强：能很好地适应油棕生长的环境条件，无需额外的人工干预和特殊环境营造。

二是成本低廉。相比人工授粉或引入其他授粉方式，依靠象鼻虫授粉不需要投入大量的资金和人力成本。

三是促进遗传多样性。象鼻虫在授粉过程中能够实现较广泛的花粉传播，有助于增加油棕种群的遗传多样性，增强其适应性和稳定性。

四是利于生态平衡。利用象鼻虫这种本土生物进行授粉，有助于维持生态系统的平衡和稳定，减少对人工引入外来物种可能带来的潜在风险。

（三）油棕传粉象甲在田间种群变化研究

油棕传粉象甲在海南文昌一年中种群数量出现 2 个高峰期，与油棕开花峰期一致，表明了食物（油棕雄花）是影响油棕传粉象甲种群消长的主要因素，这为油棕传粉象甲田间授粉应用提供关键依据（图 3-18，图 3-19）。

图 3-18　油棕传粉象甲田间种群数量调查

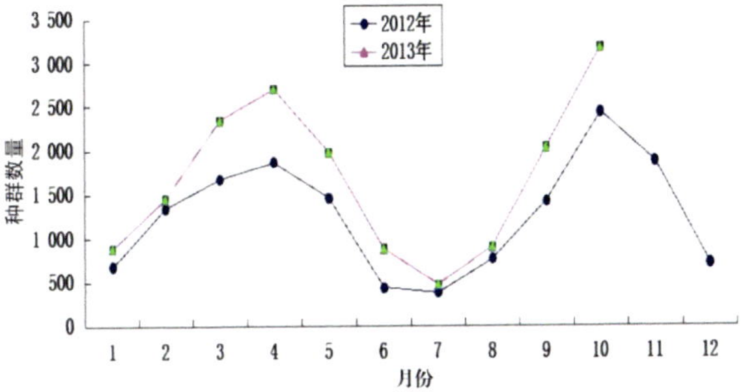

图 3-19　油棕传粉象甲成虫田间种群动态

（四）油棕传粉象甲生物学研究

1. 形态特征观察

雄虫、雌虫以及不同时期传粉象甲的形态如图 3-20 所示。

图 3-20　油棕传粉象甲的形态观察

2. 传粉象甲人工繁育方法

（1）油棕传粉象甲人工繁育技术流程

油棕传粉象甲人工繁育技术流程如图 3-21 所示。

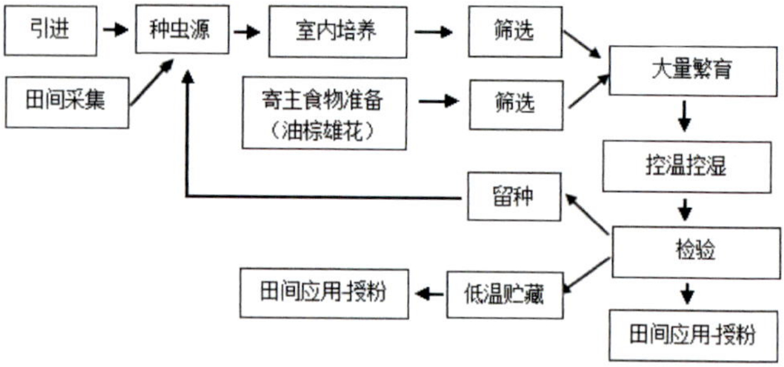

图 3-21　油棕传粉象甲人工繁育技术流程

卵 7～48 小时孵化为幼虫，幼虫共 3 龄；一天中，8：00—11：00 是出巢高峰期。羽化数量在开始羽化的第 2～4 天最多（图 3-22）。

雌雄虫交配　　雌虫产卵　　雌虫产卵位置

图 3-22　油棕传粉象甲繁殖行为习性

（2）油棕传粉象甲成虫饲养瓶和成虫收集装置

成虫饲养瓶包括饲养瓶本体、瓶盖，瓶盖上设有纱网通风透气口、固定孔，饲喂器穿插固定在固定孔上，饲喂器由饲喂管、设置在饲喂管上端面的管盖和插装于饲喂管下端面开口的纱布团组成，其中饲喂管固定在固定孔上。采用饲喂器直接投喂饲料，在不影响成虫生长的情况下，既能减少饲养过程中的人工成本，又能延长其寿命和提高其产卵（图 3–23）。

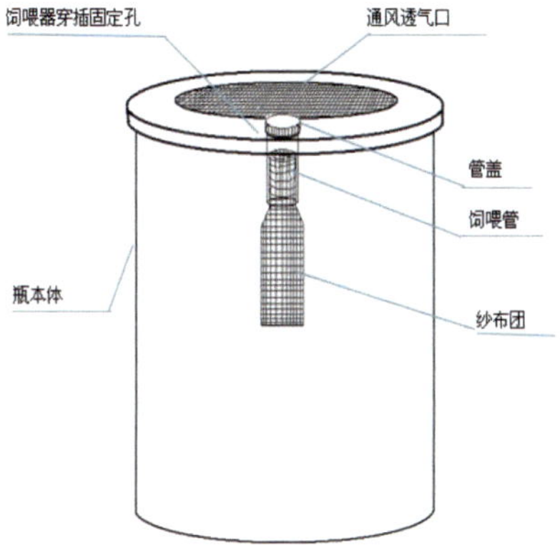

结构示意图

实体图

图 3–23　成虫饲养瓶（黄山春摄）

成虫收集装置包括贮虫器、收虫杯、变通连接管和遮光罩，贮虫器用于贮放带虫的花序，收虫杯用于收集羽化出巢的成虫，变通连接管用于将贮虫器和收虫杯连接为一体，遮光罩是根据油棕传粉象甲成虫趋光性，将贮虫器罩住，让成虫爬往收虫杯里。该装置解决了饲养过程中成虫逃窜的问题，提高了饲养效率（图 3–24）。

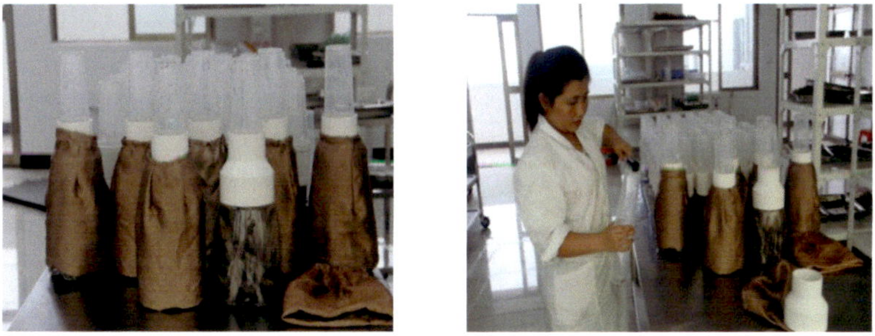

图 3–24　成虫收集装置

3. 油棕传粉象甲繁育室

以面积为 60 平方米的油棕传粉象甲繁育室为例，在繁育室内，配置 7 台昆虫培养箱（LGC-5201）、多层养虫架、工作台、三层推车及相关的养虫设备（图 3-25）。

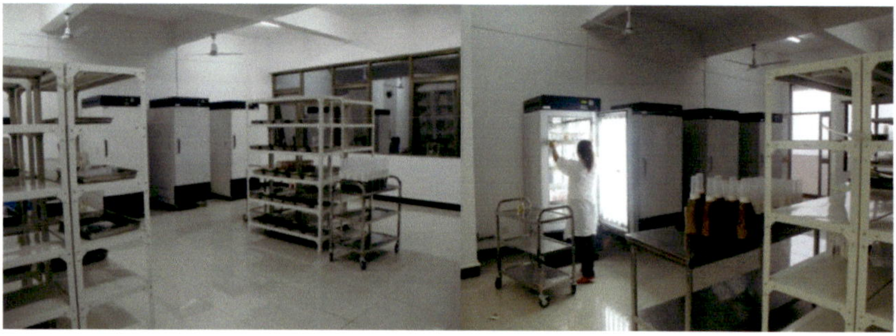

图 3-25　油棕传粉象甲繁育室

4. 油棕传粉象甲的田间释放

在油棕高产栽培示范园中进行传粉象甲田间释放，发现利用传粉象甲传粉，能够提高油棕单串果串重量（图 3-26）。

图 3-26　油棕传粉象甲田间释放效果

第四节　修剪

定期对油棕树体进行修剪有利于改善通风透光条件，平衡营养生长与生殖生长，利于授粉和果穗收获，提高产量。生产上通常使用砍刀、专用弯刀、专用铲刀等修剪工具进行修剪。作业时戴上手套、安全帽、防护服等，防止被油棕叶柄上和果穗的刺扎伤，以及修剪的叶片和果穗掉下砸伤。

一、非生产期修剪

一般非生产期油棕植株应尽可能保留完好功能叶，及时剪除枯叶、老叶，并清除花苞（包括枯花苞、枯花序）和初结果穗（包括败育果穗）。全年均可进行，以旱季晴天为主，避免阴雨季节进行修剪。枯叶、老叶可用砍刀等工具修剪，切口要平，且切面向外倾斜45°左右，留叶柄长约30厘米，叶柄痕呈倒三角形，紧贴树干；清除花苞（序）和果穗采用专用铲刀，从所在叶腋的侧边对花苞（序）、果穗的基部进行铲断或钩除，应避免铲伤叶片。

二、生产期修剪

在生产期应及时修剪掉油棕的枯叶和过多的叶片，清除枯烂花苞（序）和败育果穗。全年均可进行修剪，以在每年油棕果穗收获高峰期前后，即3—4月和10—11月进行为宜，应避免在阴雨季节进行。根据树龄、树体的健壮程度确定修剪程度，其中结果初期、结果盛期和结果后期每株分别保留叶片27～32片、40～45片和38～43片为宜。修剪前先观察叶片生长的轮生方向，从老叶开始按照“由下至上”的顺序修剪。修叶采用专用钩刀等工具，先在叶柄基部约40厘米处的下方（外部）割入1/4左右，然后再从该刀口略下方割断，最后留叶柄长20～30厘米，切口要平，且切面向外倾斜45°左右，叶柄痕呈倒三角形，紧贴树干。修剪时要防止叶柄开裂，不宜用手直接折断。清除花果的方法参照非生产期修剪（图3–27）。对较高的植株进行修剪，可采用长柄弯刀（图3–28）。宜选择晴天修剪。

图3–27　花序和果穗的铲除

图3–28　油棕树体修剪

三、受灾后修剪

在油棕园遭遇台风危害时，应及时修剪被吹断的叶片，注意维持树体的平衡。若一边受害折断的叶片较多，对另一边未受害折断的完好叶片也应适当修剪，但应尽可能保留每片完好叶的 1/2 以上，同时结合修剪扶正倾斜的植株；待植株长出新叶后，再逐步按生产期修剪方法进行修剪。

在油棕园遭遇病虫危害时，应根据病虫危害程度，及时修剪和清理危害的叶片、花苞（序）和果穗。若危害部分已占整片叶的 2/3 以上，应将该叶清除，反之仅对局部危害的部分进行清除。对危害的花苞（序）和果穗应进行全部清除，再逐步按生产期修剪方法进行修剪。

在油棕园遭遇寒害、旱害时，由寒害、旱害造成的枯叶和枯、烂的花苞、花序和果穗，应及时清除受害部位，待植株长出新叶后，再逐步按生产期修剪方法进行修剪。

四、修剪后管理

修剪下来的正常叶片，可整齐覆盖于株间；清除的花苞（序）和果穗及时清运或填埋于油棕园内。对有病虫危害的植株，对修剪的叶片和清除的花果应及时清理出园外，并进行无害化处理。

第五节　油棕园复合经营

油棕园复合经营是一种在油棕种植园中同时开展多种经营活动的模式，油棕种植株行距通常在 8～9 米，林下有大量空旷的空地，容易滋生杂草，管理成本高。通过油棕林下种草养羊等技术，以耕代抚，能有效的控制杂草生长，提高土壤保肥能力，节约管理成本，增加经济效益。如在单一种植油棕的情况下，油棕园每年需要除草 3～4 次，以 150 亩油棕园每次除草成本 6 000 元计算，除草支出为 18 000～24 000 元 / 年。若通过间作牧草养羊后，每年可减少除草成本 18 000 元以上；间种的牧草作为羊饲料，也可节省养羊的饲料成本。养羊产生的羊粪便可转化成有机肥施到油棕园内，进一步促进油棕树生长、降低生产成本，增加油棕产量。油棕树也是一种海防林，具有防风固沙、涵养水源、净化空气、调节气候和保持生物多样性等生态效益，油棕林下养羊对羊群实行科学饲养管理，能够减少羊群疾病，提高养羊生产效益。

一、油棕园复合经营的类型

（一）油棕—农作物

在油棕园中种植适量的农作物，如玉米、大豆等，可以实现油棕与农作物的互补生长，提高土地利用率和经济效益。但是所选农作物应比油棕的高度低，根系分布在油棕主要根系范围之外或与油棕的根系分布于不同的土层中；农作物本身应病虫害较少且不能使油棕遭受其他病虫害；农作物收获时不会伤害油棕或引起水土流失、破坏土壤结构；农作物经济寿命应短于油棕。

（二）油棕—畜牧业

在油棕园周围发展畜牧业，利用油棕叶、油棕果壳等副产品作为饲料，降低饲料成本，同时畜牧业产生的粪便可以作为油棕树的有机肥料，实现循环利用。

（三）油棕—林下经济

在油棕林下种植药用植物、食用菌、香蕉、西瓜、菠萝、咖啡、可可等经济作物，或者养殖家禽家畜，形成林下经济体系，进一步增加经济收入。对于油棕园林下养殖来说，应该秉持生态友好的原则，养殖活动不应破坏油棕园的生态平衡，避免对土壤、水源和周边生物多样性造成负面影响。养殖物与油棕种植应相互促进、互利共赢，如养殖家禽可以帮助控制害虫和杂草，其粪便又能为油棕提供养分。要确保养殖动物的健康和安全，防止疫病传播，保障农产品质量安全，定期对养殖动物进行防疫检查和消毒。由于幼龄油棕树的荫蔽度小，在幼龄树下养殖不能对养殖物尤其是家禽进行遮阴，且养殖物会损害油棕园的幼树，因此，一般只有在油棕树干已露出地面一段距离的林段养殖比较合适。

二、油棕与间作物的种植方式

油棕与间作物在种植时，必须分区种植或按一定的植距来种植，从而减少相互之间的竞争。从空间布局上，可采取行间间作，在两行油棕之间种植豆类、蔬菜等矮秆作物，充分利用行间的土地空间；也可采取株间种植小型间作物，如香草、草莓等。

从时间安排上，可采取短期轮作，选择生长周期较短的间作物，如一季或半年的蔬菜，在不同季节进行轮作种植，以减少连作障碍；也可采取长期间作，种植一些多年生的间作物，如矮果树、香料植物等，与油棕长期共生，但要注意其生长不会过度竞争油棕的资源。从层次搭配上，可采取上层种植，对于一些攀缘性的间作物，如瓜类，可以利用油棕的树干或搭建架子进行上层种植，充分利用立体空间；

也可采取下层种植，在油棕树冠下方种植耐阴的作物，如蘑菇、药材等。马来西亚的油棕园，采用行间种植香蕉和菠萝，香蕉的生长高度不会与油棕竞争阳光，而菠萝则适应较荫蔽的环境；印度尼西亚的油棕园，株间种植香草和姜黄，充分利用土地资源，同时香草和姜黄的市场价值较高，增加了经济效益。总体来讲，在油棕园复合经营中，要根据主作物和间作物的生长特性，合理安排种植方式，以实现资源的高效利用和经济效益的最大化（图 3–29）。

图 3–29　油棕园的间作套种

三、油棕园林下种草养羊模式技术

中国热带农业科学院椰子研究所油棕研究中心对油棕园林下种草养羊模式进行项目实践，总结出主要技术如下。

油棕园整地：距离油棕树中心 1.0～1.5 米以外进行犁地、耙地。

施基肥：可在撒施后进行耙地，种王草时开沟施肥，施肥量根据土壤肥力确定。

播种：柱花草种子先用 70～80℃的热水浸泡 5 分钟后再进行播种。

种植牧草：柱花草播种 1～2 个月后可移栽，株行距 20～30 厘米，移栽后及时淋定根水。王草种苗砍成每节 30～40 厘米，条状种植，沟深 10～15 厘米，行距 50～80 厘米。为防止杂草生长过快，种植好后可及时喷施丁草胺农药。

牧草管理：及时清除杂草，每次收割后施肥，有条件的可灌水。

牧草收割：柱花草移栽后 2～3 个月可收割，每亩年产干物质 750～1 000 千克，每年可收割 2～4 次；王草产量高，亩产鲜草在 10 000 千克左右，株高 0.8～1.0 米时即可收割，留茬高约 5 厘米，每年可收割 8～12 次。

养羊管理：每只成龄羊每天按 2.5 千克王草和 0.5 千克柱花草混合粉碎后喂食，再配精料 150～200 克。可对牧草区进行分区，每周轮流放养 2～3 次（图 3–30）。

图 3–30　油棕园林下养羊

四、油棕—柱花草间种

柱花草也称热带苜蓿，是热带、亚热带地区广泛种植的豆科牧草（图 3–31）。易种植，质地优良，适口性好，除了用于饲草外，还是水土保持、改良土壤的优良绿肥覆盖作物。油棕园间作柱花草可以有效解决油棕园水土流失，改善非生产期无产出的现状，为林下养牛、羊、鸡、鹅等提供牧草，使油棕园长、短期效益有机结合，极大地增加油棕园的附加值，提高综合经济效益，增强农民种植油棕的积极性。

柱花草喜光、喜热带潮湿气候，实验表明，根据油棕树在不同生长阶段油棕园内的荫蔽度不同，2.5 年龄油棕园的光照好，可种植的空间大，间种的柱花草生长比较健壮，产量较高；相反，在 6 年龄油棕园间种的柱花草生长较纤细，产量相对较低。

图 3–31　间种柱花草

参考文献

海南省林业局，2015. DB46/T 317-2015 油棕生产技术规程：[S]. 海口：海南省林业局 .

海南省林业局，2016. DB46/T 417-2016 油棕果穗：[S]. 海口：海南省林业局 .

海南省林业局，2016. DB46/T 418-2016 油棕树体修剪技术规程[S]. 海口：海南省林业局 .

海南省林业局，2016. DB46/T 419-2016 油棕杂交育种技术规程：[S]. 海口：海南省林业局 .

海南省林业局，2017. DB46/T 454-2017 油棕造林技术规程[S]. 海口：海南省林业局 .

海南省林业局，2021. DB46/T 560-2021 油棕施肥技术规程[S]. 海口：海南省林业局 .

曹红星，周丽霞，雷新涛，2021. 油棕抗寒研究[M]. 北京：中国农业科学技术出版社 .

曹建华，李晓波，林位夫，等，2009. 12 个油棕新品种大田栽培抗逆性调查初报[J]. 中国热带农业科学，2：1-6.

曹建华，林位夫，张以山，等，2009. 油棕的产量潜力及其影响因子探析[J]. 中国热带农业，6：35-39.

曹建华，林位夫，张以山，等，2010. 油棕授粉技术比较[J]. 中国热带农业，2：46-48.

曹建华，林位夫，张以山，等，2012. 中国油棕产业发展战略研究[M]. 北京：中国农业出版社 .

单张姬 . 2005. 惠州市引种油棕的技术关键[J]. 广东园林，29（3）：

32，33-34.
冯美利，李杰，孙程旭，等，2012. 不同树龄油棕营养元素含量及其年变化研究[J]. 热带农业科学，32（10）：6-9.
冯美利，张大鹏，曹红星，等，2015. 油棕果穗矿质营养元素累积特性研究[J]. 中国热带农业，（5）：63-66.
胡体嵘，2018. 油棕商业种植[M]. 北京：化学工业出版社 .
雷新涛，曹红星，2013. 油棕[M]. 北京：中国农业出版社 .
李静，郑丽，何时雨，等，2013. 海南省油棕园土壤养分调查与评价[J]. 南方农业学报，44（6）：958-962.
李茂，字学娟，周汉林，等，2016. 柱花草茎秆剪切力与营养价值动态变化和相关性[J]. 草地学报，24（3）：642-646.
李炜芳，曾宪海，林位夫，2013. 油棕园建园技术初探[J]. 热带农业科学，33（12）：1-3.
李晓波，曹建华，蒋菊生，等，2010. 水肥调控对油棕叶片数量与矿质养分吸收的影响[J]. 热带农业科学，30（3）：10-14.
李晓波，曹建华，蒋菊生，等，2010. 水肥调控对油棕叶片数量与矿质养分吸收的影响[J]. 热带农业科学，30（3）：10-14.
李晓波，曹建华，蒋菊生，等，2010. 水分对油棕影响研究进展[J]. 中国热带农业，32：59-62.
李晓波，曹建华，蒋菊生，等，2011. 水肥调控对油棕叶片数量与矿质养分吸收的影响[J]. 热带农业科学，3：10-14.
李艳，刘立云，唐龙祥，2009. 油棕不同叶序的叶片长宽及其含水量变化规律研究[J]. 中国农学通报，25（22）：122-124.
林志强，2008. 柱花草栽培技术[J]. 广东农业科学，7：135-137.
刘东，王凯丽，黄艳 . 世界主要热带作物产业发展现状与趋势[J]. 热带农业科学，2021，41（9）：111-116.
龙会英，张德，2016. 不同处理对柱花草种子的产量和质量的影响[J]. 热带农业科学，36（8）：9-13.
龙会英，张德，金杰，2017. 土壤质地对柱花草生长发育、生物量及土壤肥力变化的影响[J]. 土壤，49（5）：1049-1052.
卢外强，吴金山，2017. 酸性红壤中热研 2 号柱花草高效固氮根瘤菌的筛选[J]. 华中师范大学学报（自然科学版），51（2）：203-206.
施慧琼，许树培，李志芳，等，2006. 观赏油棕的栽培[J]. 热带农业科学，4：34-35.
孙程旭，雷新涛，曹红星，等，2011. 不同树龄油棕光合特性及影响因子研究[J]. 西南农业学报，2：541-545.
王永，曹红星，张大鹏，2021. 世界油棕产业发展与科学研究现状[M]. 北京：中国农业出版社 .
熊朝阳 . 2010. 西双版纳油棕引种试验初报[J]. 热带农址科技，33（1）：36-38.
徐启明，曹建华，2010. 观赏油棕在园林中的应用及其育苗栽培技术[J]. 热带农业科学，30（3）：15-17.
严琳玲，张瑜，白昌军，2018. 13 份柱花草品系生产性能比较[J]. 草业科学，35（4）867-875.
严琳玲，张瑜，白昌军，2018.13 份柱花草品系生产性能比较[J]. 草业科学，35（4）：867-875.
张德，何光熊，龙会英，等，2018. 磷添加对干热河谷柱花草地上—地下生物量间关系的影响[J]. 云南农业大学学报（自然科学），33（2）：294-300.
张德，龙会英，金杰，等，2018. 豆科与禾本科牧草间作的生长互作效应及对氮、磷养分吸收的影响[J]. 草业学报，27（10）：15-22.
张锋，王俊峰，许育文，2023. 东南亚地区油棕产业 SWOT 研究[J]. 热带农业工程，47（6）：22-25.
张亚格，李茂，周汉林，等，2017. 3 个品种柱花草的营养成分和产气特征[J]. 草业科学，34（1）：165-172.
张瑜，严琳玲，罗小燕，等，2016. 4 种柱花草种子发育研究[J]. 种子，35（1）：30-36.
中国热带农业科学院华南热带农业大学，1998. 中国热带作物栽培学[M]. 北京：中国农业出版社 .
朱先成，孙重民，陶永强，等，2008. 马来西亚优良油棕品种的引种与栽培技术[J]. 广东林业科技，6：84-86.
ABD R，等，1989. 油棕收割机的研制[J]. 蜀来，译 . 世界热带农业信息，4：16-18.
AHMAD S，RAHMAN H A，2019. Effects of different rates of nitrogen fertilizer on oil palm growth and yield[J]. Journal of Oil Palm Research，31（3）：456-465.
AMIR H G，SHAMSUDDIN Z H，Halimi M S，et al.，2003. N2 fixation，nutrient accumulation and plant growth promotion by rhizobacteria in association with oil palm seedlings[J]. Pakistan Journal of Biological Science，6：1269-1272.
CALIMAN J P，DANIEL C，TAILLIEZ B，1994. Oil palm mineral nutrition[J]. Plantations，Research and Development：36-54.
CAO H X，SUN C X，SHAO H B，et al.，2011. Effects of low temperature and drought on the physiological and growth changes in oil palm seedlings[J]. African Journal of Biotechnology，10（14）：2630-2637.

CHAN K W. 1982. Potassium requirement of oil palm in Malaysia：Fifty years of experimental results. In：Phosphorus and Potassium in the Tropics[M]（Pushparajah，E. and Sharifuddin，H.A.，eds.），Kuala Lumpur：Malaysian Society of Soil Science：323–348.

CHEW P S，KEE K K，Goh K J，et al.，1994. Fertiliser management in oil palms. In：Proc. Int. Conf. On Fertilizer Usage in the Tropics [M]（FERTROP，1992）（B. Aziz，chief ed.），Kuala Lumpur：Malaysian Society of Soil Science.

CHONG C W，TAN K S，2020. The impact of balanced fertilization on oil palm quality and soil health[J]. Sustainability，12（18）：75，89.

DHILEEPAN K，1994. Variation in populations of the introduced pollinating weevil（*Elaeidobius kamerunicus*）（Coleoptera：Curculionidae）and its impact on fruitset of oil palm（*Elaeis guineensis*）in India[J]. Bulletin of Entomological Research，84（4）：477–485.

FRANCISCO M，MANUEL C AND JOSÉ E，1999. Fertilizer use efficiency in oil palm is increased under irrigation in Ecuador[J]. Better Crops International，13（1）：30–32.

GOH K J，TEO C B，2008. Agronomic principles and practices of fertilizer management of oil palm[M]. Sarawak：Agronomic Principles and Practices of Oil Palm Cultivation，157–210.

HUSSEIN M Y，LAJIS N H，Ali J H，1991. Biological and chemical factors associated with the successful introduction of Elaeidobius kamerunicus Faust，the oil palm pollinator in Malaysia[C]. Tilburg：The Sixth International Symposium on Pollination，27–31，81–87.

Knecht J C，陈秀兰，1982. 油棕叶片养分含量随树龄的变化[J]. 世界热带农业信息，4：43-47.

KEE K K，GOH K J. 2006. Efficient fertilizer management for higher productivity and sustainability in oil palm production[M]. Int. Planters Conf. 2006 on Higher Productivity and Efficient Practices for Sustainable Plantation Agriculture，1. Kuala Lumpur：Technical Papers.

LIM L H，NG K P，2021. Response of oil palm to slow-release fertilizer application：A 5-year field study[J]. Agricultural Sciences，11（6）：890-902.

LIU M，CHEN Q，2024. Advances in precision fertilization techniques for oil palm：A review[J]. International Journal of Agricultural Sustainability，22（1）：56-70.

LO K K，GOH K H. 1973. The analysis of experiments on the economics of fertilizer application on oil palms[M]. Advances in Oil Palm Cultivation（Wastie R L and Earp D A，eds.）Inc. Kuala Lumpur：Soc. Planters.

MARIAU D，GENTY P，1988. IRHO contribution to the study of oil palm insect pollinators in Africa，South America and Indonesia[J]. Oléagineux，43（6）：233-240.

MYINT K A，RAFII M Y，Sheikh-Abdullah S A，et al.，2012. Mohd Din.Determination of the optimum pollen germination medium for different fruit forms of oil palm（Elaeis guineensis）[J]. Journal of Animal & Plant Sciences，14（1）：1855-1865.

PONNAMMA K N，1999. Diurnal variation in the population

of Elaeidobius kamerunicus on the anthesising male inflorescences of oil palm[J]. Planter，75：881.

TINKER P B，CORLEY R H V，2008. The oil palm[M]. 4th ed. Oxford：Blackwell Science Ltd：65–75.

RSPO，2011. Promoting the growth and use of sustainable palm oil. Roundtable on Sustainable Palm Oil，Zurich.

SCHROTH G，RODRIGUES M R，Angelo，S A，2000. Spatial patterns of nitrogen mineralization，fertilizer distribution and roots explain nitrate leaching from mature Amazonian oil palm plantation[J]. Soil Use and Management，16：222–229.

SOLAIMALAI A，BASKAR M，Sadasakth A，et al.，2005. Fertigation in high value crops–A review[J]. Agricultural Reviews，26（1）：1–13.

SUN C X，CAO H X，SHAO H B，et al.，2011. Growth and physiological responses to water and nutrient stress in oil palm[J]. African Journal of Biotechnology，10（51）：10465–10471.

SYED R A，LAW I H，CORLEY R H，1982. Insect pollination of oil palm：introduction，establishment and pollinating efficiency of Elaeidobius kamerunicus in Malaysia[J]. Planter，8（681）：547–561.

TAM T K，1973. Culling and selection in oil palm nurseries. In：Advances in Oil Palm Cultivation（Wastie，R.L. and Earp，D.A.，eds）. Incorporated Society of Planters，Kuala Lumpur：262–288.

TAN C H，LOW F C，2023. Nutrient dynamics and fertilizer management in oil palm plantations under climate change[J]. Journal of Agricultural Science and Technology，25（2）：345–358.

TANG M K，NAZEEB M，LOONG S G，1999. An insight into

fertiliser types and application methods in Malaysian oil palm plantations[J]. The Planter，75（876）：115-137.

TAYEB M D，FOSTER H L，TARMIZI A M，et al.，1990. Sustaining oil palm FFB yield through optimum fertilizer management[C]. 1989 PORIM Int. Palm Oil Development Conf.

TEOH K C，CHEW P S，1980. Fertiliser responses of oil palm on coastal clay soils in Peninsular Malaysia[J]. Malaysian Society of Soil Science，Kuala Lumpur：191-212.

WANG J，ZHANG Y，2022. Effects of organic and inorganic fertilizer combinations on oil palm growth and soil fertility[J]. Journal of Plant Nutrition and Soil Science，185（3）：287-298.

WARRIAR S M，PIGGOTT C J，1973. Rehabilitation of oil palms by corrective manuring based on leaf analysis[C]. Proc. Int. Oil Palm Conf. on Advances in Oil Palm Cultivation（Wastie，R.L. and Earp，D.A.，eds），Incorporated Society of Planters，Kuala Lumpur：289-304.

Woo Y C，Henry 0oi S H，Helmut van Uexkul，et al.，1993. 钾、硼对油棕（Elaeis guineensis）高产的作用 . 微量元素学术会议 .

WENG C K. 2000. Soils management for sustainable oil palm cultivation [J]. Advances in oil palm research，1：371–410.

ZAKRI F A，KHAIRUDDIN A R，ZULKIFLI H S，et al.，2012. contribution of nitrogen from biofertilizer inoculum to young oil palm under field condition FAO/IAEA International Symposium on Managing Soils for Food Security and Climate Change Adaptation and Mitigation Vienna，Austria：23-27.

ZAKRY F A，SHAMSUDDIN Z H，RAHIM K. A，et al.，2012. Inoculation of Bacillus sphaericus UPMB-10 to young oil palm and measurement of its uptake of fixed nitrogen using the 15N isotope dilution technique. Microbes and Environments，27（3）：257-262.

ZIN Z Z，FOONG S F，JAMALUDIN N，et al. 2001. Evaluation of various sources of phosphate fertilizers for mature oil palm in Peninsular Malaysia[C]. Proc. 2001 PIPOC Int. Palm Oil Congress on Cutting-Rdge Technologies For Sustained Competitiveness：Agric. Conf.，Malaysian Palm Oil Board，Kuala Lumpur：272-281.

KNECHT，J.C.X.，R. Ramachandran，and R. Narayanan. 1977. Oleagineux 32（4）：139-145.

WOO，Y.C.，OOI，S.H. AND HARDTER，R.（1994）Potassium for clonal oil palm in the 21st century. In：IFA-FADINAP Regional Conference for Asia and the Pacific. Kuala Lumpur，12-15 December 1994，lFA，pp7.

第四章

油棕主要病虫害及其防治

第一节　油棕主要病害及其防治

一、油棕茎基腐病（Basal stem rot，BSR）

（一）发生与分布

油棕茎基腐病（BSR）的发生率增长迅速，在东南亚非常流行，后又扩展到其他国家如巴布亚新几内亚。随着油棕种植面积的扩大，尤其在印度尼西亚和马来西亚，BSR 发生愈发严重。

（二）病原

大量的实验证明，具有土壤习居性的狭长灵芝菌 *G. boninense* 是引起油棕茎基腐病BSR 的最常见、致病力最强、分布最广泛的病原，研究表明，孢子及异型杂交特性对 BSR 传播起着重要作用。

（三）危害症状

油棕茎基部的典型症状是在病灶处有浅棕色的不规则的暗色区域，外围是不规则的黄色边缘。子实体在叶片出现症状之后才形成，一开始是白色的棉花团似的菌丝垫，进而逐渐长成扇形的子实体。子实体一般在茎基部形成，偶或在受感染的靠近茎干基部的根上发育生成（图 4–1），但孢子可以在油棕的不同部位发芽、生长包括叶柄、果柄的切面及茎干处萌发、生长。有时会引起茎干侵染点上部断裂、倒伏。灵芝菌 *G. boninense* 侵染导致了水分和营养的运输受阻而使得油棕内部组织损伤，从而影响正常的光合作用，生长受阻，叶片变短，树冠变小，枪叶难以展开，果实发育不正常，最终导致产量降低直至油棕死亡。

图 4-1　*G. boninense* 的子实体

（四）BSR 检测技术

1. 传统检测技术

在 BSR 早期研究中，病害检测主要通过目测法评估发病症状和实验室内检测技术如免疫酶联反应，灵芝菌选择性培养基，多重 PCR 检测试剂盒，GanoSken 断层扫描技术等。其中目测症状检测法常与营养缺乏、缺水或土壤酸性导致的症状混淆，造成判断不准确；近年来，随着光谱技术、激光扫描、雷达检测技术、纳米传感器检测技术等检测方法不断被开发出来，为 BSR 检测提供了充分的依据。

2. 光谱技术

NIR 已广泛用于有机成分的检测，其中麦角固醇是真菌细胞膜里最丰富的甾醇类物质，其在植物和细菌中都是不存在的。麦角固醇是灵芝菌细胞壁内产生的初级代谢物，其被作为油棕树组织内真菌生成物质的指示剂，研究表明在接种灵芝菌6小时后即可检测到麦角固醇，因此在症状显示前可通过NIR技术检测麦角固醇来达到早期检测的目的。

3. 激光扫描、雷达检测技术

地面激光扫描技术可扫描到整颗油棕树的外部形态结构，并通过机器学习方法对BSR的叶片健康状况进行分级，这种监测模型的建立可以将健康和轻度发病的油棕区分开来，为BSR早期监测提供便利。在此基础上利用光学雷达技术，进一步可将健康、轻度发病、中度发病和重度发病等4种受感染的叶片区分开来，准确率达80%以上。

4. 纳米传感器检测技术

在BSR发病早期，无法通过油棕外部症状确定是否有病原菌的侵染，碳纳米管的电化学传感器的核磁共振代谢组学方法，利用活性化的多壁碳纳米管壳聚糖和金纳米粒子，采用一层一层组装方法对一次性丝网印刷碳电极表面进行修饰，这种修饰电极具有更好的传感效果，可在病原菌入侵14天后检测到病原菌，达到早期检测的目的。

5. 深度学习和高光谱成像结合的BSR自动检测技术

可通过热图像技术、热图像和不平衡数据处理方法、无人机的高光谱成像、支持向量、NIR高光谱数据与支持向量结合等技术检测油棕苗期BSR。但深度学习在油棕苗期BSR检测中的应用研究较少，Lim等（2005）利用预训练的深度学习模型和高光谱图像建立苗期BSR自动检测技术，包括叶片几何形状对波长反射率的影响，图像分割对模型性能的影响等确定了最适合BSR检测的模型，这个方法表明用户可以自动检测 BSR，而无须在检测前手动提取图像属性，大大节约了检测时间。

（五）油棕与病原菌 *G. boninense* 互作研究

1. *G. boninense* 致病机理

灵芝菌有能产生次级代谢物三萜烯灵芝酸、低聚糖、多糖、多糖—多肽复合物、酚类、类固醇的特性。木材的腐烂与其产生植物细胞壁降解酶有关，已经得到了灵芝菌中编码碳水化合物活性酶（CAZymes）的基因序列，从转录组序列中也发现了 *G. boninense* 中有少量锰过氧化酶和漆酶产生，从染病油棕中也鉴定到了该两种酶，并鉴定了 7 个漆酶转录因子。从 *G. boninense* 中克隆了与致病相关的坏死—乙烯诱导类蛋白（NEP-like protein，NLP）的全长基因 *GpNEP*，在水杨酸 SA 和茉莉酸 JA 的胁迫下，*GpNEP* 转录本丰度增加，可诱导番茄和烟草叶片坏死和细胞死亡，且该基因的表达需要钙元素存在，与致病相关的亲环蛋白已经被报道。

Chai 等利用 10 种灵芝菌同源序列进行比较基因组学研究，通过对已报道的的植物—发病机制相关的蛋白组学的比较分析，发现了灵芝菌毒素及木质素降解、铁载体、麦角固醇生物合成的存在，预测了潜在的效应子，但假定蛋白只在感染了 *G. boninense* 的油棕根部中鉴定到，而其他种灵芝菌中未发现。通过对致病菌 *G. boninense* 和非致病菌 *G. tornatum* 的蛋白组比较分析及碳源、氮源饥饿效应实验表明，一些蛋白在催化活性、结合、细胞解剖完整性及代谢过程等方面表现差异显著，说明这些蛋白和菌的致病力水平相关，其中磷酸甘油酸互变酶 PGM、肽基丙氨酸顺反异构酶（PPlase）和漆酶等能在致病过程中起重要作用。

2. 油棕对 *G.boninense* 入侵的应答

油棕受 *G.boninense* 侵染后，Jameel 等发现苹果酸脱氢酶、半胱胺酸合成酶、烯醇酶、果糖激酶、ATP 合成酶、儿茶酚氧位甲基转移酶等蛋白发生了显著变化，其中前两个酶在受侵染后丰度更高，其他酶丰度有所降低。预测这些蛋白可能在油棕与病原菌 *G. boninense* 互作过程中，通过代谢和防卫途径起作用。接种病原菌 3～7 周后，早期蛋氨酸标记多肽基因 *EgEMLP1* 表达上调，蛋白受体基因 *EgPR-1*，蛋白酶抑制子基因 *EgBGIA*，模式受体蛋白基因 *EgLYK3*，几丁质酶基因 *EgCht*、扩张蛋白基因 *EgEXPB18* 在接种病原菌 3～7 天后上调表达，11 天后下调，相反，转录因子 *EgERF113* 和 *EgMYC2* 在接种 11 天后急剧上升，说明这两个转录因子可能调控着油棕的防卫系统，而且还原型辅酶Ⅱ氧化酶基因 *EgRBOH* 和过氧化物酶基因 *EgPER* 在整个处理过程中都是上调表达的。

（六）BSR 发病规律

BSR 的传播蔓延和侵染源有关系，比如感染的树桩、树干、树根、脱落的果串等都可成为二次侵染源，但主要是通过根部传染。BSR 致病分三个阶段：一是定殖阶段，*G. boninense* 菌丝体穿透根部，扩散到皮层和茎基部；二是病原菌活体营养阶段，无数胞内菌丝入侵并占用根部及茎基组织；三是假菌核形成阶段，此时病原菌坏死、黑化，细胞壁大量降解，假菌核形成连接子实体并嵌入茎基部，且有大量菌丝环绕根部生长。其中根部受感染阶段，病原菌会分泌大量细胞壁降解酶破坏木质素、纤维素等使得根部周围出现白色症状，即 BSR 的白腐阶段；入侵到皮层和茎基薄壁组织后，细胞壁层会产生孔洞，并且根部的淀粉被不断地消耗，此时油棕外部症状不容易观察到。除了油棕根与根之间的接触导致相互传染外，担孢子也是主要的侵染源，担孢子可随风飘散、经水流传播。担孢子一般在 25～31℃萌发，在单核菌丝阶段是不具备侵染性的，当单核菌丝遇到相融的单核菌丝形成了双核菌丝之后，才能引起 BSR 侵染。BSR 病害侵染循环见图 4–2。

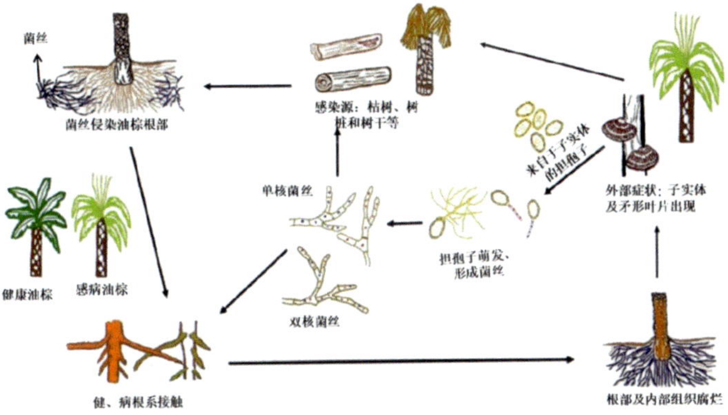

图 4–2 油棕 BSR 病害侵染循环（Zakaria 等，2023）

（图片来源：ZAKARIA L，2023. Basal STEM Rot of Oil Palm：The Pathogen， Disease Incidence，and Control Methods［J/OL］. Plant Disease，107（3）：603–615. DOI：10.1094/PDIS-02-22-0358-FE）

（七）防治方法

油棕茎基腐病的防治，一直备受关注。目前的管理策略主要包含农业管理、化学防治、生物防治、肥料的施用、抗病育种等综合措施的应用，目的是减少 BSR 发病率，延长油棕的经济寿命。

1. 农业措施

清理油棕园。清理枯枝败叶，用挖掘机连根挖出感染发病且无经济价值的油棕粉碎，集中堆积或焚烧，促进自然分解，降低发病率；油棕病残体可作为侵染源造成二次侵染，因此要及时清除，保持田园卫生。

规范种植。如果发病园重种，应休耕 1 年，可显著降低发病率。

油棕根、茎维护。将油棕树根部周围用土壤堆砌至 75 厘米，可刺激树根生长、防止因风大造成树干倒伏，在围堆的土壤里掺入化学杀菌剂和有机、无机肥料可延长感病油棕的经济寿命；也可以通过凿掉油棕茎干感病部位并用保护剂煤焦油或福美双混合物涂抹来减轻病害的危害、蔓延。

2. 化学防治

注射药剂棉隆及熏蒸类杀真菌药剂可以抑制子实体的产生、杀死病原菌 *G. boninense*、降低 BSR 的扩散；用压力注射法将己唑醇注射到到油棕树干及任何感染部位、结合拌药于根部土壤，5 年后，70% 感病油棕重新长出果束。唑菌胺酯对感病的油棕苗防效好，且在株高、茎粗、根量、相对叶绿素含量等生理指标方面起正向作用。

纳米技术也被用作真菌剂的输送方法，己唑醇锌和棉隆锌 / 铝层状双氢氧化物纳米复合材料的性能优于单独使用己唑醇或棉隆作为杀菌剂和微量元素的效果；纳米传输体系还可将己唑醇包装到壳聚糖纳米粒子中作为载体转运杀菌剂到 *G. boninense* 细胞中，这种传输体系的应用对植物无毒害作用、抗菌效果很好，前景广阔。

3. 生物防治

生物防治制剂如新节格孢属真菌 *S. parasiticum* 结合硅肥使用，BSR 病害严重程度为 53%，而对照是 95%。木霉属真菌、婆罗洲多孔真菌等抑菌效果较好；潜在的抗菌化合物，如蕈状海鞘素 I、甘氨酸 – 尿蛋氨酸、海兔内酯 A、洛伐他汀、柚皮素、N–乙酰基 –L–亮氨酸、N–甲基–氨基异丁酸、潘尼帕诺 A、吩嗪和吩嗪–1–羧酸、苯乙醇、苯基链烯酸、芘 1，6– 二酮等。

植物源提取物如羧酸、脂类、脂肪酸酯、苯酚及类淄醇等可体外

抑制 *G. boninense* 的生长；总状藻类、仙掌藻等藻类提取物在很低的浓度下仍然对 *G. boninense* 有抑菌活性。可进一步研究这些生物活性化合物在田间的应用。

4. 蜜蜂生产的产品提取物的应用

没食子酸 GA 和百里香酚 THY 是从蜂产品里提取的，对 *G. boninense* 菌丝生长具有显著的抑制作用。没食子酸在 8 毫克 / 毫升时，菌丝生长抑制率达 94%，百里香酚在 0.25 毫克 / 毫升时的抑菌率为 87.13%；腐殖酸 HA 可以增加植物膜的通透性，和 HA 类似，GA 和 THY 被报道可以增加病原菌 *G. boninense* 细胞膜的通透性，引起病原生长必须的物质损耗。未来 GA 和 THY 有发展成为天然抗真菌剂，利于实施绿色控制策略。

5. 创新基因工具的应用

基因修饰已经被用在油棕抗 BSR 的研究领域。2020 年，共转化 *AGLU1* 和 *RCH10* 基因的油棕胚胎愈伤组织对 *G. boninense* 具有抗性，结果说明基因枪法可以用作油棕提高抗 *G. boninense* 的有效途径。此外，利用一种先进的 CRISPR/Cas9 体系可将基因诱导进油棕愈伤组织，CRISPR/Cas9 构建体携带 sgRNA 靶向异黄酮还原酶（IFR）和甲基硫胺类蛋白（MT）基因在两个目标 DNA 区域发生突变，改变氨基酸残基序列，这种方法为油棕防卫基因的研究开辟了新的可能性。2021 年，通过最大限度地选择有效的 gRNA 和 DNA 递送技术，在油棕中实现了 CRISPR/Cas9 基因编辑的成功运用，这项新开发的技术将使编辑利用抗性基因成为可能。

6. 施肥管理

通过合理的施肥方案提供足量的矿物营养可以减轻 *G. boninense* 侵染的发病程度并抑制病原菌的生长。叶部喷施水杨酸及含铜、钙元素叶面肥可以减少 BSR 危害并抑制 *G. boninense* 的生长。矿物元素的补充可以通过细胞壁的木质化，尤其是可使得次生细胞壁和中层基质增厚从而限制病原菌穿透到寄主组织危害。

一种用粉碎的油棕空果串为基质的含有氮、磷、钾、镁、钙、铁、硅、硼、铜、锌和锰元素的新型肥料可以提高油棕生理机能、促进生长并阻碍 BSR 的侵染。如采用 5 种含硅元素的硅酸钙、硅酸钠、硅酸钾、偏硅酸钠、硅氧化物，设置 3 种不同的浓度梯度用作于感病油棕幼苗的肥料，8 个月后发现，施用 1 200 毫克 / 升硅氧化物的处理与对照相比病害严重程度下降了 42%。

7. 抗性品种

目前，油棕生产上尚未培育出抗 *G. boninense* 侵染的垂直抗性品种，但有可降低危害及损失的水平抗性和局部抗性。培育抗耐病品种是防治 BSR 长期有效的策略。虽然抗、耐病品种已被列入育种计划，但因没有充足的植物遗传抗性资源和缺乏快速有效的筛选手段而进展缓慢。而且油棕的遗传基础较窄，可利用的遗传资源只有来自非洲的 *E. guineensis* 和来自南美洲的 *E. oleifera*。用人工接种病原菌的方法处理油棕幼苗、根部，通过观察形态、测定生理指标等参数筛选感抗品种的模式已标准化；有学者筛选出了具有局部抗性的油棕，体现在叶部症状发病程度降低、根部及茎部感染缓慢，其中 Durand-Gasselin 报道的抗性来源是 *E. oleifera*。2016 年，局部抗性的“扬甘比耐灵芝菌 1 号”被费尔达全球投资公司发布。2018 年，Tan 等（2016）也报道了一种局部抗性材料“Socfindo”。

油棕防卫相关基因的信息有限是抗耐病油棕培育发展缓慢的因素之一。通过印度尼西亚和非洲贝宁的育种项目，在油棕群体图谱的基础上，鉴定了 4 个灵芝菌抗性基因位点。其中 2 个基因位点影响 BSR

症状的发生，2 个基因位点与油棕死亡率相关，该研究是通过数量性状基因 QTL（Quantitative trait loci）图谱及其产生的重要数据作为筛选油棕抗性品种的一种手段，具有较好的前景，但仍需要科研工作者继续开展相关研究。

二、油棕枯萎病（Vascular Wilt Disease）

（一）发生与分布

油棕枯萎病最早见报道于刚果（金），现在主要分布于科特迪瓦、尼日利亚、加纳、喀麦隆、圣多美和刚果（金），巴西和厄瓜多尔局部也有爆发。该病也是我国的检疫性病害之一。

枯萎病是对非洲地区的油棕最具毁灭性的病害，特别是在再植园区，严重影响产量。

（二）危害症状

该病在成年树上有两种表现症状。一种是急性枯萎，表现为叶片干枯并迅速死亡，但仍保持直立状态直到折断，通常从离基部几英尺的地方被风吹断。这种症状发病迅速，植株会在 2～3 个月内死亡。另一种是慢性枯萎，表现为植株矮小，可存活数月甚至数年之久。首先是外层叶片干枯并围着树干下垂，呈斗篷状，随后逐渐蔓延到新叶。同时，当新叶长出时，仍保持直立，但一般是萎黄色，并且比正常叶片小很多，整个树冠扁平，树干顶部也逐渐缩小。有许多症状介于急性枯萎和慢性枯萎之间。从这两种症状中分离到的病原都为油棕尖镰孢菌。

油棕苗期也发病，幼苗感病后，生长矮小，外轮叶片干枯，纵切面显示出茎干组织的维管束变褐色、粉红色或黑色，剖开茎基部至顶芽附近的维管束呈褐色。感病后，油棕的中层叶片和嫩叶首先变黄，以后长出的叶片逐渐变短，使病株外貌呈平顶状，外轮叶片干枯，心叶变得细小和紧缩成束，呈现淡黄色至象牙白色。

（三）病原

病原菌为油棕尖镰孢菌 *Fusarium oxysporum* Schlechtend.f.sp *elaeidis* Toovey。在马铃薯蔗糖培养基（PSA）上，尖镰孢菌 *albedinis* 专化型的菌株形成羊毛状（图 4–3），白色的气生菌丝随后变成粉红色或紫色。最初的小型分生孢子从分散在营养菌丝上的圆柱形的或轻微肿大的单瓶梗体上形成，大小为（10～35）微米 ×（2～4）微米。小型分生孢子透明，无或有一个分隔（图 4–4），大小（3～15）微米 ×（2.5～5）微米，卵形或椭圆形，孢子聚集在小黏滴上，不形成链。大型分生孢子稀少或丰富；如果多时就形成淡粉色的分生孢子座产孢器。大型分生孢子透明，镰刀状，3～5 个分隔（偶尔 1～2 个分隔），具有尖顶和具柄足细胞。尖镰孢菌 *albedinis* 专化型生长的最适宜范围是 21～27.5℃，在 18℃和 32℃仍然生长，但在 7℃和 37℃就停止生长。

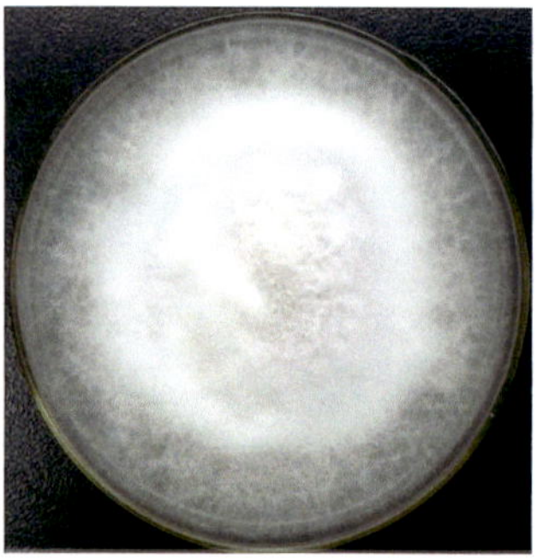

图 4–3　尖孢镰刀菌菌落

图 4–4　小型分生孢子

该菌为土壤习居菌，菌丝体和厚垣孢子可以在土壤中长期存活，特别是厚垣孢子的存活力更强。该菌主要危害非洲油棕（*Elaeis guineensis*），但通过人工接种从西非分离到的菌株也可使南美棕（*Elaeis oleifera*）发病。此外，把从刺苋（*Amaranthus spinosus*）、飞机草（*Eupatorium odoratum*）、白茅（Imperata cy lindrica）和 *Mariscus alternifolius* 这些无症状杂草中分离到的镰刀菌（*F. oxysporum*）人工接种到油棕幼苗上也可致病。表明这些杂草可能是该病菌在田间传播的一个转主寄主。作为一个种类，尖镰孢菌在侵染特征和显微特性上展示了一定范围的形态学差异，通过形态学不可能区分分化类型。通常必需使用寄主接种试验。油棕苗木在根部接种，当在两叶期接种通常 1～2 个月就会死亡

（四）发生规律

尖镰孢菌 *albedinis* 分化型无有性态。*albedinis* 专化型以休眠厚垣孢子存活于土中或腐生在受侵染的油棕残体上，是土传病菌，可通过土壤、繁殖材料和种子等进行传播。油棕被病原菌侵染死亡后变成邻近油棕的初侵染源，使邻近的油棕受到感染。据报道，发病油棕的种子表面和果仁表面也带菌，证实种子可以传播此病。由于油棕种子纳入全球育种计划，存在长距离传播的危险，已开展对带菌种子传染该病可能性调查。

与许多枯萎病菌一样，油棕尖镰孢菌从根部侵入并直接在维管束内生长。该菌可从伤口和自然孔口侵入。定殖在木质部的小型分生孢子随着蒸腾作用而充塞于整个导管内。当病原菌通过端壁生长的时候，寄主通过产生树胶、凝胶和侵填体来阻止病原菌通过蒸腾作用而扩散。抗病油棕品种的侵填体、凝胶等物质产生得非常快，并且同时

产生抗菌物质，油棕含有未知的自身固有的和诱导产生的抗菌物质。导管的堵塞和抗菌素的积累进一步抑制了病原菌的定殖。该过程发生在受侵染导管中。感病品种油棕也会产生侵填体和凝胶，只是浓度很低。

（五）防治方法

1. 加强田间管理

提倡利用 *Barchiaria*（一种草）作为覆盖物，代替传统覆盖物葛属（Pueraria）和 *Calapogonium caeruleum*（固氮豆科植物），因为这两种覆盖物会加重病害发生。也可以通过加强田间管理得到控制，离旧树桩 2 米远以上种植新油棕发病率可以减少一半。增施钾肥也可降低发病，而施用加工后的茎干物，则会增加发病率。

2. 加强检疫工作

严格检疫、控制潜在的受侵染植物材料和土壤，禁止从尖镰孢菌 *albedinis* 专化型存在的国家进口产品。

三、油棕苗疫病（Seedling blast）

（一）概况

由华丽腐霉（*Pythium splendens* Braun）引起的油棕苗疫病在尼日利亚、马达加斯加、南非、坦桑尼亚、越南、老挝、柬埔寨、新加坡等国发生，且损失严重。我国于 1926 年引进油棕，目前主要在海南岛、云南等热带亚热带地区种植。陈秀贤等（2008 年）在海南首次从土壤中分离得到油棕苗疫病的致病菌，在中国的其他地区尚未见有关油棕苗疫病的报道。

苗疫病是侵染1龄以内幼苗最重要的根病，且所有感病的油棕苗都会死亡，即使可能残存少数植株，也长的畸形，矮小，不适于移栽至大田。

（二）危害症状

发病初期，叶片失去光泽，萎蔫，呈黄绿色或鲜黄色，在叶尖形成红棕色或紫色斑块，坏死部分由顶端向下蔓延，几天内全叶枯死，深褐色，似火烧状。老叶先死，心叶受害时或从顶部坏死，或在基中坏死而使整个生长点受害。根部症状是初生根尖先受害，根的皮层腐烂，中柱松散地悬挂在下表皮的空筒中。在病根的中柱或下表皮上，可以看到深褐色或黑色小菌核。较老的根系组织腐烂分解，根皮脱离只剩下维管束，其上常出现小黑粒。

（三）病原

华丽腐霉和薄片丝核菌联合侵染。它先寄生在藻菌上，再进入根系组织内部；在苗疫病的复合病原学中，华丽腐霉比薄片丝核菌更重要。

在V8或CMA培养基上，华丽腐霉菌落边缘整齐，呈棉絮状，气生菌丝较丰富；菌丝一般无隔，但老化或者保存时间太久的菌株菌丝有隔，主菌丝直径6～9微米。菌丝膨大体球状，光滑，大多顶生，少数间生，直径25～49微米，单独培养或者将菌块放在灭菌水中培养都不能诱导其产生游动孢子；大多数为异宗配合交配型，极少数菌株单独培养能产生有性器官。藏卵器顶生或间生，球形，表面光滑，直径30～38微米（平均34.6微米），卵孢子不满器指数（The aplerotic index）为（65.41±0.1）%，直径25～35微米（平均25.1微米），壁厚1.6～2.2微米（平均1.8微米）。雄器异丝生，顶生或间生，较大，（9.5～20微米×（6.25～15）微米，袋状或弯棍棒状。每个藏卵器有1～5个雄器，形成多个雄器同时围绕着一个藏卵器。

（四）发病规律

华丽腐霉主要是通过受侵染的土壤、生长媒体和营养繁殖材料传播。其主要是以菌丝膨大体存活在土壤中。华丽腐霉在单碳化合物丰富的培养基上，在25～30℃的条件下，生长迅速，容易形成孢子，发芽也快。当存在寄主时，孢子萌发产生一至多个芽管。华丽腐霉常常侵染幼苗和植物的根部。（+）和（–）交配型都已经从华丽腐霉在自然条件下侵染的土壤样品中和埋在这些土壤样品中的种子上分离出来。

（五）防治方法

1. 农业防治

选择近水源的地方建立苗圃；在4—5月的湿季育苗，将能发芽的种子揪在装有表土的黑色尼龙袋中，充分淋水；旱季利用油棕叶片搭阴棚，对幼苗进行遮阴，尽量保持较低土温；避免偏施氮肥，必要时施石灰可降低发病率；清除和烧毁所有病株。

2. 化学防治

用0.2%的福美双药液浸泡种子，再用清水洗净、晾干，再播种；福美双加敌菌酮淋灌苗圃土壤。

四、油棕芽腐病（Bud rot disease）

（一）概况

在南美洲和中美洲，数以万计的油棕受芽腐病（BRD）的危害。在巴拿马、哥伦比亚、巴西、厄瓜多尔，芽腐病几乎摧毁了所有的油棕园，在拉丁美洲芽腐病严重阻碍了油棕业的发展。

（二）危害症状

该病害典型的症状是嫩叶变黄，受侵染的叶片随病害加重变坏死。坏死斑点首先出现在离分生组织最近的枪叶基部，然后向整个枪叶扩展。芽腐型病害分为两种类型，一种是可恢复型的：如果 BRD 侵染的只是植物表面而未深入到分生组织，通过适当的措施，油棕还能恢复正常生长状态，在恢复阶段，油棕暂时进入小叶期并且小叶叶柄及叶轴会扭曲变形；另一种是致死型的：当大部分分生组织受到病菌侵害时，任何补救措施都无济于事，油棕最终死亡。

（三）病原

棕榈疫霉（*Phytophthora palmivora*）、奇异根串珠霉（*Thielaviopsis paradoxa*）、细菌（可能是欧文氏菌 *Erwinia*）均能引起芽腐病。但比较常见的是 *T. paradoxa*，其有性型为奇异长喙壳菌（*Ceratocystis paradoxa*），该菌在 PDA 培养基上生长迅速，菌落初期为白色，1～2 天后变为黑，且散发出强烈水果香味。该菌可产生两种无性孢子，一种为分生孢子，无色至浅棕色圆柱形，大小为（6.9～14.9）微米 ×（3.1～6.0）微米；另一种为厚垣孢子，棕褐色或黑色，卵圆形，大小为（7.9～19.4）微米 ×（4.6～11.0）微米。菌丝最适生长温度为25～35 ℃，5℃和 40 ℃菌丝都不再生长。

（四）防治措施

1. 栽培管理

针对棕榈疫霉和奇异根串珠霉引起的芽腐病而言，苗圃期的环境卫生及水分管理非常重要。雨水和灌溉会促进孢子在株与株之间的传播；要增加株距，灌溉要选择在早晨，以使叶片晚上不至于过湿，如果可以，应避免过度灌溉。

2. 真菌药剂防治

在油棕苗期，可以施用土菌灵和甲基托布津，防止病害蔓延传播，在多雨季节及热带风暴来临时，此病害最容易传播；对于成年油棕，可施用甲霜灵和甲基托布津。

3. 含铜药剂处理

当不确定是否是由寒害引起的芽损坏时，可以施用含铜的农药来保护植物的嫩芽。当然含铜元素的杀菌剂也可以用，但必须有中和强碱的成分存在，例如用含有效成分［$CuSO_4 \cdot 3Cu(OH)_2$］的杀菌剂，效果较好。

4. 油棕大树管理

在成年油棕园区，要清除所有受侵染的枪叶，消灭病灶，在清除受侵染组织的过程中，要避免损害生长点。

5. 药剂综合治理

用 1～2 升 0.1% 的多菌灵溶液缓缓浸透到枪叶下部直至分生组织；用聚乙烯薄膜覆盖处理部位，以防雨水冲洗掉药液或者以防伤口处湿度过大。

五、油棕红环病（Red ring disease）

（一）概况

1905 年，油棕红环病症状首次在中美洲的特立尼达拉岛的椰子树上发现，到 20 世纪 70 年代中期，发现油棕上也有红环病症状。在哥斯达黎加，该病危害极其严重，直到 90 年代初，该病害才得以有效的防控。

（二）危害症状

发病油棕先从老叶叶尖开始变黄至青铜色，进而向幼叶扩展，受感染的叶柄通常从基部有一小段破裂的现象，其他已经黄化或者即将死亡的叶片仍然悬挂在树干上，直到树冠坍塌成只剩下光秃秃的树干。感病油棕似乎在以某种方式限制植株中线虫体系的建立，降低其在油棕轮纹区的活动性，而此时叶子正处于活跃的延长期，由于大量线虫的聚集取食，使新生叶畸形并且比正常叶片短小。

切断感病油棕的茎干，观察横截面，发现在线虫损害处，围绕茎干中心，有红褐色的环，被侵染组织的颜色从黑色至玫瑰色不等；有些损伤区域也常分散在茎干横切面中，形成连续的或不连续的环状，有的甚至分散开来，只留下一个空洞。

（三）病原

该病由椰子红环腐线虫（*Bursaphelenchus cocophilus*）引起，经棕榈象（American palm weevil *Rhynchophorus palmarum* L.）传播。

（四）发生规律

该病传播的主要途径是介体昆虫棕榈象，另外，风、雨、灌溉、农事操作、油棕树根之间及油棕与其他棕榈植物根之间的接触等也是传播的途径。远距离传播主要是通过调运寄主植物的苗木、种子、果实从其黏附的土壤和作为病树材料的包装物上传播。

（五）防治方法

1. 油棕园区监管

定期对油棕园进行监测，一旦发现问题，立即采取应对措施。感染的油棕部位要做记录，以备采取特定的防治方案。

2. 清除感病的油棕植株

感染红环病的油棕及其周围的棕榈植物如椰子等都要被砍除；另可对感病植株，进行茎干注射合除草剂如甲胂一钠，加速油棕树的死亡，阻碍棕榈象幼虫在即死植株中生长发育。

3. 降低棕榈象的繁殖

油棕挥发物可吸引棕榈象甲；强风、光照、不当的修剪及采收措施也会造成油棕损伤，释放更多的挥发物，从而吸引更多的棕榈象。因此要严格注重果实采摘及修剪的方法，尽量避免为棕榈象的侵入提供可乘之机。利用聚集信息素 6– 甲基 –2（反）– 庚烯 –4– 醇诱捕棕榈象，并借助杀虫剂杀虫的方法，在美国热带地区取得了良好的成效。

4. 加强检疫法规

加强检验检疫工作，控制病害蔓延，消灭线虫接种源，增大介体昆虫棕榈象的捕获率。

六、油棕高茎腐病（Upper stem rot）

（一）概况

印度安达曼—尼科巴群岛森林与植园开发公司自 1975 年开始在林地种植油棕。1992 年 2 月，对该岛油棕科植园作了一次调查，发现：1975—1976 年定植的 160 公顷从尼日利亚引进的油棕中，在 12 个发病中心有 42 株油棕的茎部高处发生腐烂。

（二）危害症状

此病只限于茎干。典型症状一个是较下部叶片首先变黄，逐渐延伸到中部叶片，然后到枪叶。病原孢子可侵入叶片基部，从而使病菌获得进入茎干周围组织的通道，在茎内向上、下扩展，最后侵染树冠而使整株油棕死亡。另一个症状是分泌胶状物，茎伤流和茎腐烂。胶状分泌物和茎伤流可在 50 厘米以上的茎部出现。

（三）病原

有报道称该病的病原是木层孔菌，多数营腐生或具有弱病原性，少数菌种具有较强的病原性，其子实体大，半圆形，无柄，平展，木质，上表面紫褐色，边缘白色，薄，具有凹陷轮纹，下表面深褐色，管孔小。幼嫩子实体常匍状延伸在基质表面。

也有学者根据其茎伤流症状判断其病原菌为奇异根串珠霉，属半知菌亚门真菌，但其致病性还有待于进一步研究证实。笔者认为油棕高茎腐病也可能是这两种真菌协同作用的结果。

（四）发生规律

该病发生规律根据病原而异。

若其病原确定为有害木层孔菌，则其发生规律为：木层孔菌在自然界中不易形成子实体，因此靠担孢子进行远距离传播的几率很小；有害木层孔菌往往存在于土壤中引起根腐或茎腐，所以残存在土壤中的病根与病害的发生与蔓延息息相关；在移栽过程中，根部带土很容易将病菌传到另一地方，若在油棕园区挖沟灌溉或排水均可能通过土壤或水流传播病害。

若其病原确定为奇异根串珠霉，则其发生规律为：病菌以菌丝体或厚垣孢子潜伏在病组织或土壤中越冬，厚垣孢子借气流或雨水溅射及昆虫传播，遇到寄主组织产生芽管，从伤口侵入引起发病。只要环境温暖潮湿，病害即可迅速发生。

（五）防治方法

在发病初期除去腐烂组织，铲除病灶，并用防腐剂处理切割表面；再用0.1%的克啉菌擦洗，最后涂上热煤焦油；此后再用含有沙、水泥和六氯化苯的泥浆塞住茎上的孔洞以支撑植株，同时也可阻止啮齿动物，昆虫和风的损害。已折断的感病油棕树需清除并烧毁以避免该病进一步传播；增施含钾的肥料可减少发病率。

七、油棕果腐病（Fruit rot）

（一）生理性果腐

1. 诊断识别

油棕果腐病是比较常见的一种非侵染性生理病害，主要分为两种类型：

干枯型。花期和幼果期发生败育，主要出现在干旱季节，败育花和幼果穗呈黄色或黄褐色，僵硬不腐，到雨季则很快腐烂，健康的果穗一般为紫蓝色。败育的花和果穗在干旱季节硬而不腐，但在雨季很快烂掉。

湿腐型。这类果穗多出现在雨季或高湿而荫蔽的油棕树上。初期，从外表看不出任何病症，但用手轻轻摇动果实时，便能将病果从穗中取下。将这类果实的果蒂与果柄组织切片后，在显微镜下可见蒂部与果柄间的细胞已相互分离，已变褐色或黑褐色，呈水渍状腐烂，有时伴有臭味。中后期，病果除蒂部呈湿腐外，果面失去光泽呈暗蓝色，稍有皱纹，这时如用手指一触，病果即脱萼而出。

2. 分布危害

果腐病在油棕种植地区均可发生，在我国海南、西非、印度、马来西亚均有果腐病相关研究的报道。

3. 流行规律

病害的发生大致可以分成两个时期：干旱期和雨季。但在干旱期内在个别比较阴湿的小环境里也会出现一些湿腐果穗。大部分在旱季出现的败坏果穗属干枯型。这一类型果穗的出现一方面是缺水而引起的，因为油棕树在春季开出大量的花果穗，需要汲取大量的水分和营养来保证花果的正常发育和成长。另一方面是在多雨的季节里也同样表现出因缺乏营养而产生落果、果腐的现象。

4. 防治技术

油棕果腐病的发生与土壤类型、地形地势、栽培管理的水平有密切的关系。加强水肥管理。选育抗性品种，从根本上加强油棕抗病能力。防止过度割叶，要保留较多的有效叶片。

（二）病理性果腐

1. 诊断症状

由真菌 *Marasmiellus palmivorus* 引起的油棕果腐病是油棕最严重的病害之一，也会引起油棕芽腐。侵染油棕果时会造成果实渐渐腐烂，初期呈浅褐色，逐渐褐腐（图 4–5），油脂降低直至丧失。症状表现是在油棕苗出芽点部位，有白色的菌丝或子实体出现，并逐渐向上下水渍状蔓延侵染，向下可侵染至根部，影响正常生长，最终导致油棕苗死亡。

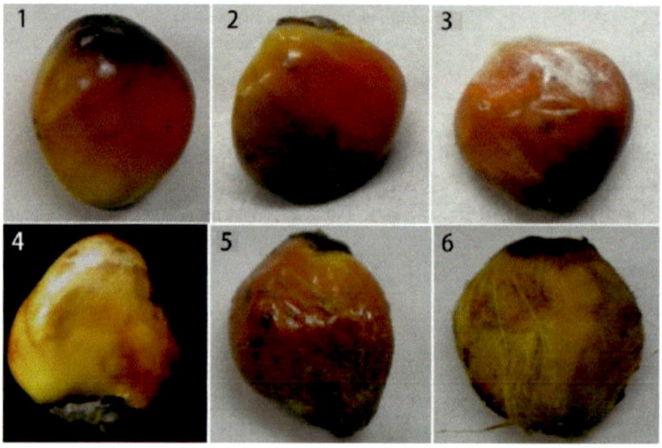

1. 健康果；2. 小于一半果腐；3. 一半果腐；4. 超过一半果腐；5. 完全腐烂；6. 中果皮脂肪酸和纤维量降低状

图 4–5　油棕果逐渐腐烂症状（Bushra 摄）

（图片来源：来自论文，补充参考文献 Bushra SAA，Zainal ABMA，Jugah K，Wong MY. Pathogenicity of Marasmiellus palmivorus (Sharples) Desjardin comb. Prov. on Oil Palm Elaeis guineensis. Wulfenia. 2012，19(8):1–17）

2. 分布危害

主要集中在油棕种植面积较大的国家和地区，如马来西亚、印度、伊拉克、哥伦比亚、印度尼西亚、尼日利亚、泰国、多巴哥岛、普林西比岛、特立尼达岛、杜塔、阿查里雅等地均有发生。

3. 流行规律

高温多湿是该病发生的主要因素，苗圃内油棕苗密集也是该病传播较快的因素。在低洼、排水不良的地块发病严重。另外，病苗移栽是该病远距离运输的关键因素。

4. 防治技术

（1）加强苗圃管理

加强苗圃的通风、干燥和排水。及时施用钾肥和根部杀菌剂等，增强苗的抗病性；出铺前要抽样检测合格后方可适宜移栽。油棕移栽时，先用土菌消 600～700 倍液喷洒栽植地和油棕根部，或者在连续晴天时先挖坑暴晒杀菌，或撒石灰粉消毒，也可用敌克松 500 倍液土壤消毒。

（2）化学防治

在发病前 1～2 个月及发病期间，用 64 % 杀毒矾可湿性粉剂（1：500～600）、80% 乙磷铝（1：400）、或用其他恶霉灵类如卡霉通也即土菌消（常用量为 600～700 倍）、石硫合剂（1：1：100）、敌克松（500 倍）等防治。果实发病初期，可用多菌灵 800 倍液喷洒果串，也可以用 80% 代森锰锌 800 倍液喷洒，每 7～10 天喷施 1 次，连喷 2～3 次；也可用苯甲丙环唑 700 倍液，喷施果串，每 7 天喷施 1 次，连喷 2～3 次。

八、伏革菌叶腐病（Corticium leaf rot）

（一）概况

此病先在刚果发现，随后在马来西亚和新不列颠也有记载，在这些地区，此病能造成大量的叶片损坏，从而减缓油棕苗的生长速度。

最幼嫩的叶片先感病，中央的心叶腐烂极为严重。灰白色的干枯组织容易碎裂，树冠破烂不堪，白色坏死区的周围可能有一明显的紫褐色边缘。

（二）病原

此病的致病菌是瓜亡革菌（*Thanatephorus cucumeris*（Frank）Donk）属担子菌亚门真菌，以前叫茄伏革菌（*Corticium solani* Bourd Galz），无性阶段为立枯丝核菌（*Rhizoctonia solani* Kühn），属半知菌亚门真菌。

（三）发病规律

越冬病原的多少是能否发病的主因，尤其是土壤中和油棕组织内。若菌核多，则发病重。菌核小而多，传播机会多，通过机械作业、人工作业、灌水等方式传入无病田。

（四）防治方法

控制氮肥施用量，增施钾肥；也推荐实行选优去劣，以防苗木过于密集、荫蔽；用 50% 氯溴异氰尿酸可溶性粉剂（灭菌成）30 克 / 亩，兑水 15 千克喷雾，让受害部位完全着药。

九、根朽和茎腐病（Armillaria root and trunk rot）

（一）概况

此病是侵害油棕根系和茎干的致命性病害，在非洲刚果（金）发生严重，造成严重的经济损失，尤其是 1 龄的油棕。

（二）危害症状

该菌从根部开始侵染，根状菌索通过根长入油棕基部，并且蔓延到邻近的植株。开始时在最低的叶片基部出现湿腐，这些离地面大约60厘米高的叶片，在老熟前即从茎干上脱落。腐烂的茎干组织有白色菌丝片侵入，木质纤维变黑。在茎干基部可以看到根状菌索，在染病组织上经常形成大量子实体。叶片表现的症状是严重萎蔫，外层叶片折断，继而树冠突然干缩。10龄以上的油棕不大感病或不感病。丛林砍伐后酸性或沙质瘠土，似乎会增加发病率。此菌的其他寄主有茶树、咖啡、可可、柑橘、木薯和橡胶树。

（三）病原

此病的病原菌为假蜜环菌 *Armillariella tabescens*，称败育假蜜环菌，属担子菌亚门、伞菌目、白蘑科，蜜环属真菌，这是丛林树桩的一种普通的习居菌。

（四）发病规律

根朽病菌以菌丝体或根状菌索及菌索在病株根部或残留在土壤中的根上越冬。主要靠病根或病残体与健根接触传染，病原分泌胶质粘附后，再产生小分枝直接侵入根中，也可从根部伤口侵入。此外，有报道发现从病菌子实体上产生的担孢子，借气流传播，落到树木残根上后，遇有适宜条件，担孢子萌发，长出的菌丝体侵入根部，然后长出根状菌索，当菌索尖端与健根接触时，便产出分支侵入根部。

（五）防治方法

发现植株染病后，及时清除病根。对整条腐烂根，须从根基砍除，并细心刮除病部，直至将病根挖除。再用1%～2%硫酸铜溶液消毒，也可用40%五氯硝基苯粉剂配成1∶50的药土，混匀后施于根部，用药量因树龄而异，10年左右的大树用药量为0.25千克。

加强田间管理。对地下水位高的油棕园，要做好开沟排水工作，尤其雨后要及时排水；增施有机肥，改良土壤透气性，增强树势。

在早春、夏末、秋季，在树干基部挖3～5条辐射状沟，然后浇灌50%甲基硫菌灵可湿性粉剂800倍液或50%苯菌灵可湿性粉剂1 500倍液、20%甲基立枯磷乳油1 000倍液，均有较好防效。

十、油棕炭疽病（Oil Palm black rot disease）

（一）概况

此病主要发生在非洲、马来西亚沙巴种植过密的油棕苗上，病苗率可达5%～20%。移栽时还可能传入苗圃。

（二）病原

致病真菌有掌状球二孢菌（*Botryodiplodia palmarum*），黑盘孢菌（*Melanconium* sp），围小丛壳菌（*Glomerella cingulata*），其中围小丛壳菌属真菌子囊菌亚门、小丛壳属。

（三）症状

由掌状球二孢引起的症状是：有典型的透明小斑出现在叶尖或叶缘附近或在叶片受害而变成暗褐色处，周围有一黄色晕圈或变色带。病斑扩大，干枯时，病斑中央最后纸质状，变为灰色。分生孢子器从这里发育并释放孢子，形成新的病斑。

由黑盘孢菌引起的病害症状与掌状球二孢引起的症状相似，但病斑呈淡褐色具一灰黄色晕圈，干枯更迅速，因此，有一条比较大的灰色干枯带。分生孢子盘产生进一步侵染的球形孢子。

由围小丛壳引起的症状，只在叶脉之间产生长形病斑，坏死组织呈褐色或黑色，初期有水渍状外观，外圈呈黄色。此菌产生含有分生孢子的孢子盘。在较老的干枯病斑上长出瓶状子囊壳，内含 8 个子囊，每个子囊有 8 个子囊孢子。

（四）发病规律

围小丛壳菌病菌在病株残体上越冬，翌年产生分生孢子借风雨传播侵入寄主。多雨季节、湿度较大时易使病害加重。

（五）防治方法

发病初期及时喷洒甲基托布津、多菌灵、苯来特 800～1 000 倍液，亦可喷洒百菌清、退菌特其他抗菌剂；要做好预防工作，避免或减轻病害的发生，如加强栽培管理，创造通风透光的环境条件；注意环境卫生，及时清除病叶、病株并烧毁；合理施肥，不偏施氮肥，增施磷钾肥，使植株生长健壮，以提高抗病力；改善栽培基质，不重复使用盆土，并且做好土壤消毒处理（可用蒸汽或 40% 福尔马林消毒）；在苗圃阶段，利用聚乙烯袋育苗，苗盆间保持一定距离，也可减少炭疽病的发生。

十一、油棕环斑病（Ring spot disease）

（一）概况

20 世纪 80 年代，已在美国、法国、拉丁美洲对油棕环斑病进行过普查。1998 年，对此病害进行系统调查，在哥伦比亚西北部，这种致死性环斑病发生率增加，一致认为此病害是从秘鲁的丛林越过安第斯山脉到达厄瓜多尔北部，再到哥伦比亚南部，在哥伦比亚其损害面积达 13 万公顷；拉丁美洲的其他国家如巴西、委内瑞拉、哥斯达黎加、洪都拉斯、墨西哥、尼加拉瓜等国很关注此病害，在拉丁美洲种植油棕的面积达 16 万公顷；而在厄瓜多尔和秘鲁已有 10 万公顷的非洲油棕处于该病害风险之中。

（二）危害症状

此病多发生在 1～4 年生的油棕上，感病症状为枪叶和新生叶及叶轴出现环状和椭圆形的斑点，然后斑点变黄，与此同时，油棕第三、第四位的根坏死，然后发展到主根和次根的中心部位；叶片黄化症状最终扩展到下部叶片，侵染到分生组织的枪叶系统坏死；在初始症状出现的 3 个月内，下部叶片最终变成褐色并死亡，那时生长出来的果束也会坏死；靠近根部位的茎基横截面的维管束会出现特有的紫颜色，然后进一步向上部茎扩展，呈现紫色的环状坏死斑块，植株会在初始症状出现后的 3～4 个月内死亡。

（三）病原

该病是由非洲油棕环斑病毒（African oil palm ringspot virus，AOPRV）引起的。在感病的枪叶中发现有长约 800 纳米、直径为 15 纳米的病毒粒子；对该病毒部分序列研究表明，其开放阅读框有 51%～67% 的氨基酸与凹陷病毒属的樱桃绿斑驳病毒和樱桃锈状坏死花叶病毒的一致，有 40%～62% 的氨基酸与苹果茎痘病毒的一致。Lozano，Ivan 等（2010 年）研究表明，AOPRV RNA 全基因组序列已测出，结果显示，AOPRV 属于曲线病毒科 *Flexiviridae* 的一个新种。RT-PCR 结果显示：感染该病的美国油棕、非洲油棕及杂交种油棕，其病毒的基因型有差异。

（四）防治方法

进口的油棕种子，需要有未携带该病菌的检疫证明；种子来源要清晰，确保来源地油棕种子健康、不带病。

十二、展望

众多研究表明，由 *G. boninense* 引起的油棕茎基腐病 BSR 是全球油棕产业发生率最高、发生面积最大、危害最严重的病害，尤其是在马来西亚、印度尼西亚和巴布亚新几内亚等国家。通过感病油棕的基因表达评估和侵染阶段的组学研究，已经揭示了病原菌活体营养型及死体营养型阶段性特征。通过基因表达技术解析了油棕对 BSR 入侵的分子机制，这有助于了解油棕的抗性机制，也为筛选和发展油棕抗耐病品种提供了重要信息。

截至目前，各种油棕 BSR 早期监测技术已开发出来，尤其是在马来西亚和印度尼西亚。但是许多检测方法仅限制在实验室进行，样品需要采回处理，耗时费力，在大田应用效果不够简单快捷。一些光谱技术、地面激光扫描技术、纳米传感器技术等虽然可以不经过室内样品处理即可在田间检测，但需要专业人员操作设备和分析数据，普通的种植户难以掌握。尽管如此，较先进的早期检测技术和检测工具已经开发出来，对 BSR 感染的早期干预有了可能，为在症状出现之前控制 BSR 的扩散蔓延提供了可行性。

目前生物肥料、矿物质营养及含生防菌的产品等已应用在 BSR 防治方面，虽没有产品能彻底根除 BSR，但在降低感染风险、减轻症状、减弱危害程度、促进油棕生长、避免过多的产量损失等方面有较好的效果。此外，一些植物源、藻类提取物及蜂产品提取物对病原菌 *G. boninense* 有较好的抑制效果，将是未来油棕 BSR 绿色防控策略的有效途径之一，尚需进一步的研究和大田应用。

研究发现，BSR 病原 *G. boninense* 可能存在真菌病毒或类病毒来控制其致病并提高油棕本身的抗性，但目前，只有椰子死亡类病毒能引起油棕叶片上产生橘黄色的斑点，那么是否感染了该病毒的油棕对 *G. boninense* 有抗性呢？病毒—真菌—油棕关系背后的机制是什么？都值得深入研究，利用真菌病毒抗 BSR 将是重要的绿色防控手段。

基因编辑技术的应用，旨在通过增强油棕基因来提高对 *G. boninense* 的抗性，为油棕茎基腐病的防治开辟了新的思路。从非洲和南美洲收集种质资源且有局部抗性的油棕已经被报道有利于抗耐病品种的繁育。当前也已经测定了油棕的基因组，为筛选抗病基因、鉴定育种为目的的等位基因标记奠定了基础。培育抗病品种也是油棕育种的重要目标，但产量与抗病往往是两个相互关联的性状，也涉及大量基因的参与及调控，所以要选育出综合性状好的品种，要注重抗性、品质与产量之间的平衡。

第二节　油棕主要虫害及其防治

油棕主要害虫有二疣犀甲、红脉穗螟、油棕刺蛾、椰叶蓑蛾、碎叶蓑蛾、棕榈王蛱蝶、直斜条环蝶等，其特性和防控方法分述如下。

一、二疣犀甲（*Oryctes rhinoceros*）

取食油棕的生长点和幼嫩心叶组织，从而导致受影响的寄主植物发育不良甚至死亡，同时其危害位置可造成其他害虫和病原菌感染的切入点，严重时可造成大量减产，因此该虫对油棕产业的危害极大。

（一）分类地位

二疣犀甲又名椰蛀犀金龟，隶属于昆虫纲 Insecta，鞘翅目 Coleoptera，犀金龟科 Dynastidae，蛀犀金龟属 *Oryctes*。英文名称：Asiatic rhinoceros beetle

（二）形态特征

卵：初产卵为白色，半透明，有光泽，椭圆形或卵圆形，表面光滑有弹性，无刻痕或其他结构，长 2.10～2.47 毫米，宽 0.81～1.10 毫米，重约 0.01 克。孵化前卵变为奶油黄色，略膨大，近乎球形，有时可清晰分辨卵壳中蜷缩的幼虫。详见图 4-6。

初产卵

孵化前的卵

图 4-6　二疣犀甲卵

幼虫：蛴螬型。共分 3 龄。初孵幼虫（图 4-7）为黄白色，头部淡褐色，前胸两侧各有一不规则形淡褐色斑点，具有 3 对胸足。

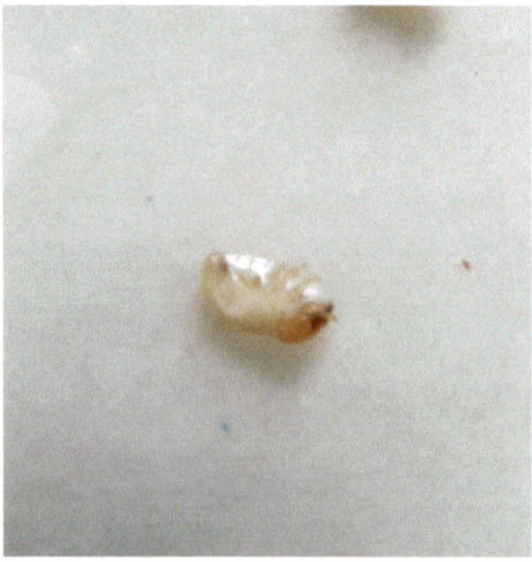

1 龄

2 龄（右）和 3 龄幼虫（左）

图 4-7　二疣犀甲幼虫

各龄幼虫的体长、体宽、头壳宽及体重如表 4-1 所示。

表 4-1　二疣犀甲各龄幼虫的形态学指标差异

幼虫龄期	体长 / 毫米	体宽 / 毫米	头壳宽 / 毫米	体重 / 克
1 龄	4.16±0.06	1.39±0.03	—	0.64±0.01
2 龄	28.78±0.09	8.83+0.12	6.43±0.05	3.85±0.08
3 龄	65.66±0.62	23.55±0.32	10.91±0.04	12.14±0.28

蛹：预蛹在外部形态上仍为幼虫，呈暗奶油色，无光泽（图 4-8、图 4-9）。

图 4-8　二疣犀甲预蛹

图 4-9　二疣犀甲蛹

成虫：初羽化成虫为淡褐色，后转为深褐色和黑色。背面褐色，光滑，腹面棕红色。雄虫腹部各节近后缘疏生褐色短毛列，末节近于新月形，末端光滑，刚毛稀少，这是区别二疣犀甲成虫雌雄的重要特征（图 4-10）。

图 4-10　二疣犀甲成虫（左：雄虫；右：雌虫）

（三）生物生态学特性

成虫行动较为隐蔽性，常躲藏于取食空洞或繁殖场所，仅在夜间飞翔。繁殖地点可能在其取食的棕榈园或远离取食地点的位置。

成虫在室内饲养的情况下，寿命一般为80～93天，个别可达180天。二疣犀甲成虫一般在9：00—20：00羽化，羽化顺序为由腹部末端开始，依次向前，最后露出头部。初羽化的成虫浅棕色，以后颜色会逐渐加深变成深棕色至黑色（图4-11）

图4-11　二疣犀甲初羽化及羽化完全成虫形态

（四）危害症状

二疣犀甲成虫通过夜晚飞行至树顶蛀食幼嫩的油棕叶片，形成典型的“V”形缺刻。当蛀食生长点时，会造成叶片的大量凋落和折断，严重时整个植株死亡。严重时危害叶片占叶片总量的10%～30%，在印度每年造成10%的产量损失（图4-12）。

二疣犀甲可利用多种场所进行繁殖。据报道，该虫在马来西亚可利用砍伐的油棕茎干组织，在关岛在棕榈掉落的叶柄中皆可存活，其他场所如死亡棕榈的茎干空洞、油棕堆积果串、牛粪堆积物以及农作物堆肥等，均为二疣犀甲在新环境中建立种群提供了便利条件。

图 4-12　二疣犀甲危害油棕症状

（五）防控技术

1. 化学防治

在油棕大田和苗圃使用氯氰菊酯、高效氯氰菊酯、氰戊菊酯、毒死蜱，在施药后 11 天均对降低二疣犀甲数量有较好效果。除有机化学农药外，在叶腋部每 2 周使用 1 次樟脑丸，其可以作为驱避剂。

2. 生物防治

可利用的天敌资源有杆状病毒、绿僵菌、线虫及大红纹食虫蟠等。在印度喀拉拉邦，从不同繁育场所收集的 6 627 头幼虫和 307 头成虫中，有 5% 的幼虫和 22% 的成虫被病毒感染，3% 的幼虫死于绿僵菌感染，20% 的幼虫死于细菌引起的败血症。二疣犀甲幼虫和成虫均可感染病毒，从另一方面说明病毒可在两种虫态间传播。幼虫体内败血症细菌与病毒感染具有相斥性，产碱假单胞菌会削弱病毒的作用效果。通过使用二疣犀甲专一性病毒和昆虫病原菌绿僵菌，可在很大程度上抑制该虫对棕榈植物的危害。

（1）绿僵菌

研究表明金龟子绿僵菌可侵染二疣犀甲的所有虫态，在幼虫、预蛹和蛹期，当虫体表皮出现棕色和褐色病变则表明侵染成功，之后随着侵染的加深，死亡虫体开始变硬、皱缩，虫体覆盖白色菌丝，随着菌丝的成熟菌丝变成绿色。但是与二疣犀甲病毒不同的是被绿僵菌寄生的成虫只有在死亡后才会释放出绿僵菌孢子进行传播。活体成虫在虫体沾染病菌且病菌未成功寄生前的初始阶段，仅能进行短暂时间的传播。

繁殖场所被豆科植物覆盖会阻碍绿僵菌的侵入，但同时保护侵入的绿僵菌孢子免遭阳光紫外线、土壤高温低含水量及低相对湿度等影响。

（2）昆虫病毒

20 世纪 60 年代初，Hüger 在马来西亚首先发现二疣犀甲的杆状病毒，二疣犀甲幼虫感染此病毒后会停止取食，腹泻，表皮半透明。成虫通过喂食病毒溶液后被感染，然后被释放后通过取食和交配等行为感染种群中其他个体，病毒感染后，其胃壁即被破坏，进而抑制其取食行为。

印度于 1967 年首次在南安达曼岛等四个地区释放病毒防治二疣犀甲，在连续释放 48 个月后使对棕榈的危害降到了不显著水平，以 130 微克病毒粗提物 / 头剂量为控制二疣犀甲在一个较低水平的有效剂量，在 South Andaman 等地释放 795 头感病二疣犀甲，在释放后 23 个月可降低 90% 的危害。二疣犀甲病毒主要经过口腔侵染，之后在幼虫中肠和脂肪体以及成虫的中肠中大量繁殖，因此又被称为“飞翔的病毒工厂”。幼虫由于感染病毒死亡，他们的尸体会继续释放病毒在繁殖场所，成虫由于在繁殖场所取食或交配而进一步受到感染。受病毒感染后成虫的生命周期变短，雌虫停止产卵行为。

（3）植物源次生物质

研究表明，薇甘菊提取物对二疣犀甲 3 龄幼虫具有很强的拒食作用，并随着处理浓度的升高，其取食量减少，虫粪量减少，拒食率呈上升趋势。薇甘菊提取物处理后，二疣犀甲的卵孵化率明显降低，同时孵化期延长，当处理浓度为 10 毫克 / 毫升时，卵孵化率最高仅达到 66.66%，而卵孵化期则延长至 9 天。同时薇甘菊提取物处理过的卵，即使可以孵化成幼虫，但初孵幼虫的死亡率也较高。

采用添加薇甘菊提取物的幼虫饲料饲喂二疣犀甲 1 龄幼虫后，随着处理浓度的增加，幼虫体重增长减缓，体重增加量减少，发育滞后。薇甘菊提取物对二疣犀甲的幼虫化蛹具有一定抑制作用，使幼虫化蛹率和羽化率降低。此外，对二疣犀甲羽化成虫出现大量畸形现象，主要表现为翅无法正常伸展、虫体瘦小、无法正常爬行等。

（4）理化诱控技术

菊酸乙酯曾被作为二疣犀甲引诱剂使用，在菲律宾的 South Luzon，连续 3 年使用菊酸乙酯可诱捕 7%～25% 的二疣犀甲成虫。二疣犀甲具有聚集危害和交配行为，其可能被寄主的特定气味吸引，亦可与虫体散发的聚集信息素或性信息素有关，或兼而有之。

E4-MO 首次在印度尼西亚的雄性二疣犀甲成虫分泌物中作为聚集信息素被发现，且只有在特定情况下才会分泌该物质，采用嗅觉感受器研究发现二疣犀甲雄虫和雌虫触角的感受器均对 E4-MO 具有神经性反应。在棕榈植物定植前 6～12 个月进行信息素诱集，可最大限度减少后期虫源数量。尤其在大规模的种植园边缘释放信息素是防止二疣犀甲迁入的最佳方法。对于小规模的种植户，信息素建议在下午至早晨使用。

3. 农业防治

加强田间清理，清除二疣犀甲的繁殖场所是防治二疣犀甲最重要和最有效的措施；及时清除其产卵场所，可大幅度降低二疣犀甲的虫口基数。对死亡的腐木进行砍伐焚烧，减少二疣犀甲的繁殖场所。对于棕榈残桩，需尽量砍至地面以下。

研究表明，二疣犀甲不喜欢在植物覆盖的繁殖场所产卵，因此在茎干堆积物和树桩砍伐处可种植一些藤类和覆盖植物来避免该虫产卵。

二、红脉穗螟（*Tirathaba rufivena*）

红脉穗螟常钻入花絮和果实内部危害，在种群数量较多时，甚至会取食油棕的心叶组织。在危害油棕雌花时，其排泄的粪便会包裹雌花，进而影响雌花的授粉效率。

（一）分类地位

隶属于昆虫纲 Insecta，鳞翅目 Lepidoptera，螟蛾科 Pyralidae，椰穗螟属 *Tirathaba*。

（二）形态特征

卵：长 0.55～0.64 毫米，宽 0.40～0.44 毫米，椭圆形，具网状纹，初产时乳白色，1 天后呈黄色，卵孵化前呈橘黄色（图 4–13a）。

幼虫：老熟幼虫体长约 22 毫米，体圆筒形，向两端渐细，初孵化的幼虫白色透明，随虫龄的增长体色逐渐变深而呈黑褐色，老熟时略呈淡褐色，头及前胸背板黑褐色，有光泽，臀板黑褐间黄褐色，中胸背板具有 5 个不规则的褐色斑点，腹部各节亚背线、背线、气门上下线处均各有 1 对黑褐色大毛片，其上着生 1～2 根长刚毛（图 4-13b）。

蛹：长 10～13 毫米，赤褐色，背面有 1 条明显而颜色较深的纵脊，翅芽下端伸达第四腹节后缘，腹末有臀棘 4 枚。雄蛹生殖孔在第九腹节，生殖孔两侧有 2 个乳状突起；雌蛹生殖孔在第八腹节，两侧无乳状突。蛹外有茧（图 4-13c）。

成虫：体长 13 毫米左右，翅展 23～25 毫米。前翅绿灰色，中脉、肘脉及臀脉和翅后缘均被有红色鳞片，使脉纹显现红色。后翅及腹部橙黄色。雄蛾体较细小，体色较浅而鲜艳，下唇须短，翅外缘 2 条银白色斑纹明显可见；雌蛾体较粗大，体色较深，下唇须长，从背面明显可见，翅外缘 2 条银白斑纹不太明显（图 4-13d）。

a. 卵　　b. 幼虫

c. 蛹　　d. 成虫

图 4-13　红脉穗螟的不同虫态

（三）生物生态学特性

成虫羽化高峰期为 18：00—21：00，羽化率平均为 95.2%，多数于羽化后第二至第三天夜间交尾。3：00—5：00 为交尾盛时，交尾后翌日晚开始产卵，产卵期 3～9 天，产卵时间多为 21：00—24：00。卵产于果实基部或花絮表面，初孵幼虫由此钻入果穗中；收果后还可产卵于心叶处。卵多为聚产，几粒到几十粒不等。产卵量平均为 125 粒。卵平均孵化率为 92.3%，孵化盛期为 9：00—11：00。雌雄性比为 1.25∶1。以 5% 糖水作为补充营养，成虫寿命为 4～17 天，平均 12.2 天。

幼虫行动敏捷，畏光。被害花苞常在未打开前就发黑腐烂。老熟幼虫在被害部位吐丝结缀虫粪作茧，1～2 天后化蛹。红脉穗螟完成一个世代需 30～43 天，其中卵期 2～3 天，幼虫 20～22 天，蛹 10～11 天。幼虫有 5 龄，个别有 6 龄。

（四）危害症状

红脉穗螟在油棕上主要以幼虫食害油棕的花穗、果实及心叶，其中以花穗受害最为严重。幼虫在油棕花穗和果串上取食，并分泌丝将粪便、食物残渣和花缀成簇，使花穗不能正常开放最终导致花穗枯死。在盛果期，幼果和未完全成熟果实亦易受幼虫危害，蛀食果实内的种子和部分内果皮。幼虫也会啃食外表皮，造成流胶或形成木栓化硬皮，严重影响果实品质。

（五）防控技术

1. 生物防控

红脉穗螟在田间生物资源包括蜘蛛类、蠼螋类、寄生蜂类及生防微生物等，这些天敌资源对红脉穗螟种群的发展起抑制作用。在园区释放时，可在棕榈园中设置多个固定的释放点，然后将装有寄生蜂的试管置于释放点中即可。蠼螋在园区自然种群数量大，是一种活动能力较强的本地天敌，经调查发现，该虫具有避光性，喜欢阴暗潮湿的生活环境，在田间种群数量庞大，在棕榈植物中常隐藏于叶腋部或花苞中，对危害心叶组织和花苞的红脉穗螟具有潜在捕食特性。青葙提取物、飞机草提取物及薇甘菊提取物均对红脉穗螟有一定的驱避效果。

2. 化学防控

红脉穗螟的防治以化学防治研究最多。研究表明，阿维菌素、高效氯氰菊酯、溴虫氟苯双酰胺、虫螨腈、唑虫酰胺均对红脉穗螟表现出较好的生物活性。室内研究结果显示，印楝素处理可使红脉穗螟幼虫和蛹的发育历期延长，成虫寿命变短，同时产卵量及后期的卵孵化率均降低。

3. 农业防控

结合田园管理，将采果时散落于园区地上带虫的果实捡拾以降低越冬虫源基数；发现被害花穗及时将其摘除并集中处理。

三、油棕刺蛾（*Euprosterna elaea*）

油棕刺蛾在南美洲国家危害严重。该虫为害油棕叶片，幼虫的取食位点易被拟盘多毛孢属真菌物种的侵染。

（一）分类地位

隶属于昆虫纲 Insecta，鳞翅目 Lepidoptera，刺蛾科 Limacodidae，刺蛾属 *Euprosterna*。异名油棕刺蛾 *Euprosterna elaeasa* Dyar。

（二）形态特征

成虫：棕褐色，前翅中部有一条贯穿内缘到顶端的线条，似新月形。雌性个体大于雄性，翅展为 22～25 毫米，雄性个体为 17～21 毫米。雌虫触角丝状。雄虫在最后腹节有一根褐色刚毛，雌虫有两根刚毛（图 4-14）。

图 4-14　油棕刺蛾成虫侧面和腹面观

（图片来源：https://www.inaturalist.org/taxa/881425-Euprosterna-elaea）

卵：单产或聚产。长约 2 毫米，宽约 1.5 毫米，呈以扁平半透明鳞片或水滴状。

幼虫：第 1 龄不取食，虫体椭圆形，略显扁平。长度小于 1 毫米，颜色为淡黄色。2 龄平均长 1.2 毫米，有刺状刺，称为刺皮，取食油棕叶表皮。3 龄幼虫呈绿色，背面有小的褐色和黄色斑点，这种颜色一直维持到 6 龄。3 龄幼虫平均体长 3.42 毫米，6 龄幼虫平均体长 10.5 毫米，头壳宽 1.7 毫米。在第 7 龄，背面有一个或两个黄橙色斑点，这种现象在 8 龄和 9 龄幼虫中一直维持。末龄幼虫体长 18 毫米，体侧有 11 对刺状突起（图 4-15）。

图 4-15　油棕刺蛾高龄幼虫

（图片来源：https://www.inaturalist.org/observations/118847325）

蛹：接近化蛹的老熟幼虫不取食，呈黄色，可在叶柄的基部内侧或根部周围的土壤及有机残留物中找到。茧椭圆形，粉褐色，直径 7～9 毫米。

（三）生物生态学特性

成虫有趋光性，夜间羽化。雌虫将腹部垂直于翅膀的位置，并在腹部末端与雄虫相连，进行交配。卵一旦孵化，幼虫即转移至叶片背面。整个发育历期（从卵到成虫羽化）平均需要 70 天，其中卵期 5 天，幼虫期 35 天；蛹期 19 天，成虫期 4～6 天。2～4 龄幼虫取食叶片的叶肉，5 龄以上幼虫可取食整个叶片。

1. 危害症状

油棕刺蛾低龄幼虫刮食叶叶肉，高龄幼虫取食整个叶片，只留下中脉，造成叶片大量脱落，影响油棕果串数和产油量。危害严重时可导致超过 50 % 的叶片脱落。此外，取食油棕叶片造成的伤害还可引起拟盘多毛孢属的病原体侵染。

2. 防控技术

在南美洲，使用杀虫剂是减少油棕榈树害虫数量和侵染的一种普遍方法，如乙酰甲胺磷、甲胺磷和久效磷等有机磷杀虫剂通过在棕榈树树干上喷洒来控制油棕刺蛾。

人工收集蛹是一种有效的做法，有助于减少种群数量。在种群数量很高的情况下，采用苏云金芽孢杆菌（Bt）商业制剂进行喷洒，可有效阻止该害虫的大面积危害。

使用从野外采集的油棕刺蛾患病幼虫中获得的核多角体病毒，可非常有效的控制这种害虫。幼虫一旦通过摄入喷洒病毒的油棕叶片，即可快速被病毒感染而停止摄食，之后病毒通过内部繁殖消耗虫体营养被排出毒素至幼虫死亡。研究表明，该病毒在使用病虫粉剂量为 75 克 / 公顷，对油棕刺蛾的控制率可达 90 % 以上。

生物制剂的使用是防治油棕害虫的重要手段。几丁质合成抑制剂、蜕皮激素受体激动剂和幼虫激素模拟剂等具有干扰昆虫生长和发育的生理活性。昆虫生长调节剂（IGRs）作用于昆虫的生长发育，并介导蜕皮激素或幼虫激素的平衡。

此外，亚香茅、曲序香茅、鲁沙香茅的精油提取物对油棕刺蛾有较好的拒食和毒杀作用，可以用于该虫的防控。

四、椰叶蓑蛾 (*Mahasena corbetti*)

椰叶蓑蛾是东南亚和太平岛国的危险性多食性害虫，因其幼虫大量取食多种植物叶片，被列为农业毁灭性害虫。严重时可导致产量损失 40%～50%。

（一）分类地位

隶属于昆虫纲 Insecta，鳞翅目 Lepidoptera，蓑蛾科 Psychidae，墨蓑蛾属 *Mahasena*，又称为油棕袋蛾。

（二）形态特征

卵：乳白色至淡黄色，质地柔软，筒形，小于 1 毫米。

成虫：雄成虫呈黑色或褐色，部分有白色鳞片，触角羽状（图 4–16）；而雌性无翅，终生留在蛹内，圆柱形，乳白色。成虫均无口器。

图 4–16　椰叶蓑蛾雄成虫

（图片来源：来自论文，参考文献里已有 Firake DM et al，2018）

幼虫：长 15 ～20 毫米，头部和胸部呈褐色，腹部呈浅黄褐色。

蛹：雄蛹长 12～15 毫米，直径 3～4 毫米；雌蛹长 20～25 毫米，直径 10～12 毫米，深褐色（图 4–17）。蛹室长 27～33 毫米。

图 4–17　椰叶蓑蛾雄蛹（左）和雌蛹（右）袋囊

（图片来源：http://sawitsecure.mpob.gov.my/bagworm-nettle-caterpillar/）

（三）生物生态学特性

卵产在成年雌性的蛹蜕内，单雌产卵量巨大（2 000～3 000粒），幼虫期长（12～17周），常造成暴发危害。雌虫无翅，头部轻度硬化，终生生活在袋囊中，并在其中完成信息素的释放、吸引雄虫交配并产卵。整个生活史110～140天，其中卵期10～16天、幼虫期60～95天、蛹期14～26天、成虫（雄）期7～10天。雄性幼虫期11～12周，室内饲养最高达8龄。

幼虫为蠋型，类似于正常的鳞翅目幼虫，胸节呈红褐色，头部和胸足发达，腹足弱小。幼虫生活在袋囊内，直到发育到成虫阶段。随着龄期增加，它们的取食行为会从刮食组织转变为切割叶片。

幼虫化蛹时其性别分辨依据主要是基于蛹壳的大小、形状及蛹的形态。一般雌蛹的个体比雄蛹的个体大。成虫雌虫保持着蠕虫状的外观，只有一个简单的囊（无翅），而雄蛹则完全发育，并产生短寿命的有翅蛾，其颜色通常为黑色至棕褐色，头部和身体的外表毛蓬松，触角羽状。

羽化的雄虫通常将其蛹蜕堆在袋囊的后部，雄虫具有一定的趋光性，腹部常膨大成巨大的卵囊，内含卵。交配后，雌虫在蛹皮内产卵，并收缩成团块，有时从后部向外脱落，留下一开口。大量幼虫孵化出壳，从后部的小开口爬出壳外。

该虫天敌资源丰富，茧蜂、姬蜂、寡节小蜂、寄生蝇等。

（四）危害症状

椰叶蓑蛾幼虫通过取食叶片表面和制造孔洞，导致叶片黄化，严重时叶片死亡脱落。成虫具有高繁殖力，每只雌虫产卵最高可达

3 000 粒左右，因此在环境适宜时常造成该虫的大面积暴发。

（五）防控技术

利用害虫和环境信息来设计适当的控制措施是害虫综合管理的方法，椰叶蓑蛾幼虫隐蔽取食，且常躲避在叶背面，采用具有内吸和胃毒活性的杀虫剂进行树干注射，研究表明采用乙基多杀菌素树干注射对该虫防治效果与乙酰甲胺磷相当，在 30 毫克 / 升处理后 14 天，对该虫幼虫致死率高达 97.11%，在 45～90 毫克 / 升可快速降低幼虫数量。

在农业防治方面，人工清除幼虫仍是有效防治该害虫的重要手段。同时应开展寄生性天敌的筛选及保护利用工作，印度学者研究发现，椰叶蓑蛾田间幼虫个体中，约 74.31% 被双翅目的寄生蝇寄生，而 2.5% 个体被姬蜂科天敌寄生，因此收集天敌资源并进行规模化繁育和释放，是防治该虫较为有效的潜在手段。

五、碎叶蓑蛾 (*Metisa plana* Walker)

碎叶蓑蛾是最具破坏性的食叶害虫之一，引起严重的落叶，可造成减产 44%，也是马来西亚半岛分布最广泛的油棕害虫。

（一）分类地位

隶属于昆虫纲 Insecta，鳞翅目 Lepidoptera，蓑蛾科 Psychidae。英文名 oilpalm bagworm。

（二）形态特征

幼虫：幼虫腹部部分均被封闭在袋囊中，头部和胸足从袋囊的近端开口伸出以便取食和移动。身体中度硬化，呈棕褐色，整个头部和胸部都有深色斑块。

蛹：蛹平均长约 6.1 毫米，比准备化蛹的老熟幼虫（平均长 13.6 毫米）小 2 倍。雄蛹头部较大，呈黑色，长约 4 毫米；雌蛹头部较小，呈乳黄色，大小约为雄蛹的一半，长约 2 毫米（图 4–18）。

图 4–18　碎叶蓑蛾蛹（左：雄；右：雌）

（图片来源：http://sawitsecure.mpob.gov.my/bagworm–nettle–caterpillar/）

成虫：成虫的性二型现象明显。成年雌性似蛆虫，无翅无足，头部小，黑褐色，体黄褐色，位于袋囊前端，平均体长 5.5 毫米，直径 2.0 毫米。成年雄性个体则从虫体的远端爬出，以蛾的形式从蛹中羽化出来。雄蛾体长 10～12 毫米，翅烟褐色，体毛黑色，头部有羽状的双栉形的触角。

卵：初产卵为黄色，近长方形，直径约 300 微米，高约 500 微米，表面被黏液物质覆盖。卵发育 5～8 天后变成半透明状，可见卵中发育的幼体，幼体呈深褐色。

（三）生物生态学特性

碎叶蓑蛾幼虫期 100～125 天，共 6 龄，1 龄幼虫需要 9～16 天转变为 2 龄幼虫、从 2 龄幼虫到 3 龄幼虫的发育时间为 14～17 天，第 3 龄发育成第 4 龄的时间最长，需要 16～18 天。随后的第 4 至第 5 龄和第 5 至第 6 龄的发育时间稍短，分别为 10～15 天和 12～16 天。整个幼虫期约需 71.5 天。因此，该虫有效防治的关键时期是孵化后的前 28 天或 1～3 龄幼虫期。

在化蛹时，幼虫将袋囊附着在叶脉上，并关闭袋囊近端开口，蛹在壳内重新定向，头部向下指向壳的末端。蛹雌雄二型明显。雄蛹发育时间 21.4 天。雌蛹发育时间 10.0 天，同时雌虫龄期长于雄虫，可保障雌雄个体同时羽化，便于后代繁殖。雌雄个体的总发育时间没有差异，表明世代重叠不是暴发的必要条件。雄雌性比为 8.5：1。

成年雄性飞翔并寻找雌性进行交配，此过程中，雄虫咬开雌性袋囊末端，将伸展腹部的 2/3 插入雌性袋囊内之交配，之后并离开袋囊，数小时后死亡。雄成虫寿命 3～4 天。雌虫在袋囊中产下大量卵，受精卵留在袋囊孵化发育至 1 龄幼虫，整个卵期 12～15 天。雌虫产卵簇状排列，200～300 粒，部分被分泌物包裹。

（四）危害症状

幼虫早期会在叶片背面留下较浅疤痕，随龄期增加会取食整个叶片组织，在叶片组织上造成孔洞和缺口。该虫取食油棕叶片会在叶表面出现孔洞和凹槽，严重时植株树冠干燥、焦枯，叶片脱落率高达 46.6 %。主要取食棕榈树的树冠部和较老叶片，尤其 8 年以上的植株最容易受到危害。根据设立的 M. plana 危害程度标准：每片叶子虫口数 <3 条为轻度危害，每片叶子上虫口数 3～5 条为中度危害，每片叶片上虫口数＞ 5 条为重度为害。

（五）防控技术

1. 农业防治

定期砍伐和焚烧受害严重、干枯的含有害虫的叶片，降低种群数量。人工收集袋蛾袋囊，此方法对较矮油棕幼苗的防控效果较好，为控制其数量，建议每周定期采摘 2 次。

2. 生物防治

目前发现该虫的多种寄生蜂，如 *Goriphous bunoh* Gauld（寄生末龄幼虫和蛹）、幼虫寄生蜂 *Brachymeria* spp.、*Dolichogenidea metesae* Nixon（寄生 2～6 龄幼虫）、*Aulosaphrs psychidivorus* Muesebeck（寄生 4～5 龄幼虫和蛹）、*Brachymeria carinata* Joseph，Narendran and Joy（寄生蛹）、*Tetrastichus* sp.（寄生末龄幼虫和蛹）、*Elasmus* sp.（寄生 2～4 龄幼虫）。研究观察发现，肿腿蜂属 *Brachymeria* spp 可寄生 40 % 的幼虫，一般寄生率为 33.15 %，其中 11 月寄生率最高（65.23%），12 月寄生率最低（15.83 %）。

在生物源药剂应用方面，苏云金芽孢杆菌（Bt）在该虫防治上效果显著，亦可使用昆虫病毒、白僵菌等。

3. 化学防治

通过茎部注射或根部施用内吸性杀虫剂，如久效磷或吡虫啉。亦可根施或随水灌溉颗粒状农药，如甲拌磷或克百威等，施药剂量可保持在每株棕榈 100～150 克。

六、棕榈王蛱蝶（*Amathusia phidippus* Linnaeus）

棕榈王蛱蝶是 *Amathusia* 属中分布最广的物种，缅甸、中南半岛、菲律宾和苏拉威西岛等地都有分布，常栖息于油棕种植园、村庄和低地森林中。在印度，棕榈王仅在特拉万科椰林附近有记录。

（一）分类地位

隶属于昆虫纲 Insecta 鳞翅目 Lepidoptera 蛱蝶科 Nymphalidae。又称菲第环蝶、palm king。

（二）形态特征

成虫：雄虫上翅褐色，边缘微黄，而雌虫翅色较淡，但边缘较黄且反差较大。雌虫具有与雄虫相似的外貌特征，但更苍白（图 4-19）。

图 4-19　棕榈王蛱蝶成虫腹面图（左：雄；右：雌）

（图片来源：左图 http://lithops.com.ua/index.php?route=product/product&path=59_64_100&product_id=1781 右图：https://media.vdm-insecthouse.com/uploads/0026r-amathusiidae-amathusia-phidippus-phidippus-1.d33f8bc7b5.jpg）

幼虫：圆柱形，颜色为绿黄色。5 龄时，幼虫变褐色，体长 7～7.5 厘米。

1 龄幼虫体长 0.6～0.8 毫米。头部圆形，黑色，有光泽。胸部和腹部呈淡黄色，有纤细的白色绒毛，腹部末节有两个黑色的凸起，看起来像尾巴。

2 龄幼虫淡绿色，体长 0.8～1.2 毫米。头部黑色，球状，有细长的白色细毛。随着幼虫的发育，第三胸节发育出明亮的橘黄色皮肤褶皱，使幼虫具有特殊的刺状外观。

3 龄幼虫在形态上与上一龄幼虫非常相似，但更长（3～4 厘米），更粗壮，体色更深更绿，体线更宽且具有条纹状外观。

4 龄幼虫粗壮，体长 4.5～5.0 厘米，变得近乎黑白分明。条纹变为灰白色或白色。

5 龄幼虫褐色，体长 7.0～7.5 厘米，非常粗壮。毛发为白色，少数褐色。

蛹：淡绿色纺锤形，具有与寄主植物叶片相似的叶脉和纹路，在羽化前夕变得透明，翅膀和头部清晰可见。

卵：乳白色，中间有一小黑点，黑色圆形，孵化前卵的颜色变黑。

（三）生物生态学特性

成虫通常喜欢遮阴的林下生境，并倾向于长时间静止。

成虫以含糖的食物、发酵的水果、粪便和死亡的动物为食，亦可取食腐烂的油棕果汁液。幼虫食量较大，低龄幼虫喜群集，龄期越晚，个体越倾向于留在叶片的上侧。各龄幼虫发育历期分别平均为：1 龄 4 天、2 龄 5 天、3 龄 5 天、4 龄 6 天、5 龄 12 天。化蛹过程需半天时间，蛹期 12～13 天。蛹在 8：00—9：00 时间段羽化。成虫羽化后约 1 小时后展开翅膀在附近的阴暗灌木丛中休息。这种蝴蝶伪装在树干或褐色的叶子和茎上，以保护自己免受捕食者的侵害。成虫飞翔能力较差。卵线状排列，卵期 6～7 天。

（四）危害症状

该虫危害油棕叶片造成缺刻，但极少造成严重危害，在油棕园偶尔发生。

（五）防控技术

该虫暴发时，可采用菊酯类、烟碱类药剂进行喷雾防治。

七、直斜条环蝶（*Opsiphanes cassina* Felder）

直斜条环蝶包括 12 个亚种，主要发生在美洲国家。该物种具有极强的耐旱习性，在哥斯达黎加的瓜纳卡斯特省亦有分布，在哥伦比亚干季油棕人工林中，它们的种群数量增加是导致油棕严重落叶的原因。由于该虫极强的抗逆性，其在环境适宜时，常可在油棕园大量爆发成灾。

（一）分类地位

昆虫纲 Insecta，鳞翅目 Lepidoptera，蛱蝶科 Nymphalidae，斜条环蝶属 *Opsiphanes*。

（二）形态特征

成虫：雄蝶翅展（66.6±7.4）毫米，雌蝶（72.9±6.6）毫米。翅褐色，在前翅上有横向的橙色条带，翅室有分叉。

卵：球形，直径约 1.3 毫米，表面有绒毛和纵纹，呈白色。

幼虫：共 5 龄。初孵幼虫体长（6.4±0.6）毫米，末龄幼虫体长（53.6±7.4）毫米。第 1 龄期为白色，具 3 条纵向的红葡萄酒条纹；随着发育，体色变为绿色，带有黄色条纹。从 2 龄开始头部有 4 对突触，随着龄期的变化，头部突触呈现颜色变化。末龄幼虫体色浅绿，背部具梨绿色纵带。

蛹：长（27.3±1）毫米，宽（12±0.8）毫米，附肢与身体粘连紧密。刚形成时，颜色为浅绿色，随着发育的进行，变为浅褐色。侧方区域两侧各有一个圆形的黄金点。

（三）生物生态学特性

该虫以幼虫危害，可耐受严重干旱，导致油棕严重落叶。

成虫将卵单独或聚产在叶背，并靠近主叶脉。卵的孵化需要8～10天，平均9.1天；幼虫期经历5个龄期，1龄7.4天、2龄7.2天、3龄7.6天、4龄8.6天、5龄11.7天，幼虫期平均42.5天；预蛹期平均1.9天；蛹期平均12.5天；成虫期平均30.9天。从卵到成虫死亡一个完整的周期平均为96.9天，每年可发生3～4代。

室内研究结果表明，卵孵化率约为74 %，刚孵化的幼虫分布在叶片的各个部位，其中以棕榈的中上1/3处叶片分布最多。蛹多在棕榈叶片、叶柄上或杂草上的附生植物上形成，通过身体末端的刺状突起附着在植物组织上。

（四）危害症状

幼虫食量较大，取食面积达300平方厘米，可造成严重落叶，影响光合能力，降低产量。

（五）防控技术

1. 生物防治

生物防治在油棕虫害综合治理中起着决定性作用，其天敌种类包括捕食性昆虫、寄生虫和真菌 / 病毒病原体。

（1）收集天敌并保护和释放

每年5—10月，人工采集油棕叶柄缝隙中的蛹和第5龄幼虫（预蛹）。对收集到的蛹仔细鉴别，保留明显被寄生的个体，将其放置于园区无捕食者的地方，也可带回室内培养待寄生蜂等羽化后释放于田间。

（2）设置天敌庇护所

在受害虫影响地区，适当增加蜜源或栖息植物，使寄生虫和捕食者会将其种群数量维持在较高水平。寄生蜂等天敌以杂草和野生植物的花腺分泌物或花粉为食，雌虫可能从这些分泌物或花粉中获得必需氨基酸，以提高卵的受精率。

（3）天敌资源的应用

病毒病（核多角体病）有助于调节幼虫数量，也可人工繁殖并在田间应用，最简单方法是将患病幼虫研磨后配制呈病毒溶液直接应用。此外，苏云金芽孢杆菌对1～3龄幼虫防治效果较好，最佳施药时间为5—6月和8—9月；寄生蜂对5龄幼虫的寄生率平均始终保持在50%以上。

2. 物理诱捕

（1）昆虫信息化合物的使用

研究表明，该虫雄虫可分泌三种雄性特有的挥发性有机化合物，包括（E）-nerolidol、香兰素和（Z）-7-十七烯。电触觉实验（EAG）评估表明，雌性对这些化合物有反应，具有用于田间开展该虫诱捕防控的潜力。

（2）食料诱饵的应用

成虫白天在棕榈叶被部休息，且对分解有机物、发酵果实和动物排泄物呈现趋性，这一特性已被用于开发该虫的诱捕技术。在地面上放置各种有毒的成熟水果（香蕉、菠萝、甘蔗等）。此外，还可使用以甘蔗等为原料的诱饵，掺入 2% 的杀虫剂（如：灭多威），装入一次性容器中，放在棕榈树托叶上家畜无法触及的高处。目前报道的糖蜜（1 升）、酵母（15 克）、尿素（10 克），稀释在 1 升或 0.75 升水中的配方，可消灭大量的雌虫。

对黄色丝网诱捕器和薄纱网状诱捕器进行评估结果显示，在成虫数量较多时，黄色丝网诱捕器效果优于后者，因为它能以 2∶1 的比例（雌性∶雄性）捕获更多的蝴蝶，尤其是雌蝶。使用透明塑料袋诱捕成虫技术，诱饵为糖浆 + 酵母悬浮液，无需使用杀虫剂。该技术在商业上的使用取得了巨大成功，诱捕工作从 3 月开始，目的是逐步影响种群数量，以减少 5 月出现的虫量，并避免 6—7 月幼虫造成的危害，到 8 月和 9 月出现的成虫数量也会大幅减少。

3. 化学防治

目前报道的针对油棕食叶幼虫常用的杀虫剂有溴氰菊酯、苏云金芽孢杆菌、三氟隆和除虫脲等。在进行化学防治时，使用选择性强、低毒、低剂量的杀虫剂，应尽量避免使用禁用或限用的药剂种类。

八、展望

害虫综合防治（IPM）的基础包括害虫的生物学和生态学，害虫监测、经济阈值，以及化学、生物、自我控制、植物抗性和微生物控制等管理策略的应用。油棕害虫的防治上应推广两种或三种不同的防治方法，如物理防治 + 药剂喷洒、生物防治 + 物理防治等方式，以便取得更好的防治效果。

油棕害虫与寄主的互作关系研究，包括寄主定位机制、虫体内生菌、树体受害后的酶活力变化及对其他指标影响，以此为依据研发针对性的靶向防控技术对于油棕害虫的防治具有重要意义。关于棕榈害虫的 IPM，已有多篇文献进行了讨论。棕榈害虫治理的历史开始于杀虫剂的单独应用，但后来发展到包括其他 IPM 策略。如在油棕树干注射久效磷（有机磷酸酯杀虫剂）可以有效控制碎叶蓑蛾 *Metisa plana*（Walker）（鳞翅目：蓑蛾科），但持效期较短。研究人员建议采用大面积无人机喷洒化学药剂或昆虫病毒防治食叶害虫，特别是针对鳞翅目害虫。Huger 报道了使用杆状病毒对二疣犀甲的有效性，作为控制该虫的 IPM 计划的一部分。刺吸式害虫如白粉虱，蚧壳虫在部分油棕园亦有发生，部分刺吸式害虫作为油棕传毒媒介昆虫，对其进行防治很可能在可预见的未来仍将继续，但传毒媒介防治或植原体在植物内传播的管理现在正慢慢转向生境管理和转基因作物的使用。

在生物防治方面，应加大生物防治资源的市场化应用，针对不同栽培模式和气候条件对生防资源及其剂型进行优化，同时应加强政府的统防统治的措施。生物防治的优势已经毋庸置疑，但如何将产品和技术运用于田间仍是目前科技工作者需要解决的关键问题。物理防治技术亦具有生态环保的特点，尤其是信息素的使用，由于其单一靶标的防治特点，在二疣犀甲等害虫防治上已经得到了广泛应用，但其仍具有防控虫态单一的问题，而对于具有危害特性的害虫幼虫阶段仍需要采用化学防治进行防治。而物理防治上应用较多杀虫灯、粘虫板等在杀灭害虫的同时，也会遇到伤害昆虫天敌（如：瓢虫、草蛉、螳螂）及中性昆虫（如粪金龟、锹甲）等，因此研发天敌安全性的物理防治技术并将其运用于油棕害虫的防治，应该是今后主要的研究方向。

参考文献

陈秀贤，曾会才，何汉兴，等，2008. 海南腐霉新记录种 Pythium splendens 的鉴定及其对油棕苗的致病性测定[J]. 云南农业大学学报，23（3）：222-225.

陆大京，陈锦平，洪祥千，1964. 海南油棕果腐病的病原鉴定及发病条件的研究[J]. 植物保护学报，3：217-222.

吕朝军，钟宝珠，苟志辉，等，2015. 鱼藤酮和茶皂素对槟榔红脉穗螟的联合毒力[J]. 生物安全学报，24（3）：241-243.

吕朝军，钟宝珠，李朝绪，等，2022. 红脉穗螟寄生蜂寄主选择研究[J]. 生物安全学报，31（2）：146-150.

吕朝军，钟宝珠，李文天，等，2024. 椰子半腐烂茎干提取物对二疣犀甲聚集信息素增效作用研究[J]. 热带农业科学，44（1）：18-22.

吕朝军，钟宝珠，钱军，等，2013. 青葙提取物对红脉穗螟产卵忌避及杀卵作用研究[J]. 江西农业大学学报，35（3）：543-548.

吕朝军，钟宝珠，钱军，等，2014. 绿僵菌野生菌株对红脉穗螟幼虫的致病效果研究[J]. 江西农业大学学报，36（6）：1253-1257.

吕朝军，钟宝珠，覃伟权，等，2020. 二疣犀甲对油棕、椰子的风险性分析及防控策略[J]. 生物安全学报，29（1）：39-43.

吕朝军，钟宝珠，田密，等，2013. 植物源杀虫剂对槟榔红脉穗螟幼虫的致死效应[J]. 生物安全学报，22（4）：253-256.

谢龙莲，2005. 喀麦隆对油棕基腐病和维管萎蔫病的调查研究[J]. 世界热带农业信息，11：53.

余凤玉，覃伟权，朱辉，等，2009. 油棕枯萎病研究综述[J]. 中国热带农业科学，2：46-48.

钟宝珠，冯焕德，张中润，等，2017. 阿维菌素和高效氯氰菊酯混配对红脉穗螟的增效作用[J]. 生物安全学报，26（04）：323-326.

钟宝珠，吕朝军，韩超文，等，2016. 青葙提取物对红脉穗螟化蛹和羽化的影响[J]. 中国南方果树，45（1）：79-81.

钟宝珠，吕朝军，覃伟权，等，2021. 应用寄生蜂防治槟榔园红脉穗螟技术规程[J]. 热带农业科学，41（4）：79-81.

钟宝珠，吕朝军，王东明，等，2013. 二疣犀甲室内生物学特性及形态观察[J]. 昆虫学报，56（2）：167-172.

AHAMED S B，RAMLE M，Abd I G，et al.，2023. Population dynamics of adult *Oryctes rhinoceros* and its developmental stages with *Oryctes* Nudivirus infection in a zero burning replanting area[J]. International Journal of Tropical Insect Science，43（2）：591-600.

AHMAD R，LIM C K，Marzuki N F，et al.，2020. Metabolic Profile of *Scytalidium parasiticum-Ganoderma boninense* Co-Cultures Revealed the Alkaloids，Flavonoids and Fatty Acids that Contribute to Anti-*Ganoderma* Activity[J]. Molecules，25（24）：5965-5984.

AHMADI P，MUHARAM F M，Ahmad，et al.，2017 Early detection of *ganoderma* basal stem rot of oil palms using artificial neural network spectral analysis[J]. Plant Disease，101：1009-1016.

ALEXANDER A，ABDULLAH S，ROSSALL S，et al.，2017. Evaluation of the efficacy and mode of action of biological control for suppression of *Ganoderma boninense* in oil palm[J]. Pabiscan Journal of Botany，49：1193-1199.

ANGEL L P L，YUSOF M T，ISMAIL I S，et al.，2016，An in vitro study of the antifungal activity of Trichoderma virens 7b and a profile of its non-polar antifungal components released against *Ganoderma boninense*[J]. J. Journal of Microbiology，54，732-744.

ARANGO M，MART´INEZ G，TORRES G，2016. Advances in the interpretation of tomographic images as an early detection method of oil palm affected by basal stem rot in Colombia[J]. Plant Disease，100：1559-1563.

ARIFFIN D，IDRIS A S，Singh G，2000. Status of Ganoderma in Oil Palm. Ganoderma Diseases of Perennial Crops. Wallingford：CABI Publishing，49-68.

AZMI A N N，KHAIRUNNIZA-BEJO S，JAHARI，M，et al.，2021. Identification of a Suitable Machine Learning Model for Detection of Asymptomatic *Ganoderma Boninense* Infection in Oil Palm Seedlings Using Hyperspectral Data[J]. Applied. Science，11：11798.

BAHARI M N A，SAKEH N M，ABDULLAH S N A，et al.，2018. Transciptome profiling at early infection of *Elaeis guineensis* by *Ganoderma boninense* provides novel insights on fungal transition from biotrophic to necrotrophic phase[J]. BMC Plant Biology，18（1）：377.

BIVI M S，PAIKO A S，KHAIRULMAZMI A，et al.，2016. Control of basal stem rot disease in oil palm by supplementation of calcium，copper，and salicylic acid[J]. Plant Pathology Journal，32：396-406.

BRETON F，HASAN Y，HARIADI L Z，et al.，2006. Characterization of parameters for the development of an early screening test for basal stem rot tolerance in oil palm progenies[J]. Journal Oil Palm Research，24-36.

BUDIANI A，PUTRANTO R A，RIYADI I，et al.，2018. Transformation of oil palm calli using CRISPR/Cas9 system：toward genome editing of oil palm[J]. IOP Conference Series：Earth Environ. Science，183：12003.

CARLOS L M，ANGELICA P，EDUARDO J S，2021. Effects of Insect Growth Regulators on Mortality，Survival，and Feeding of *Euprosterna elaeasa*（Lepidoptera：Limacodidae）Larvae [J]. Agronomy，11（10）：2002-2002.

CHEONG Y L，TEY C C，2012. Understanding pest biology and behaviour for effective control of oil palm bagworms[J].The Planter，88（1039）：699-715.

CHEONGY L，SAJAP A S，HAFIDZI M N，et al.，2010. Outbreaks of bagworms and their natural enemies in an oil palm，*Elaeis guineensis*，plantation at Hutan Melintang，Perak，Malaysia[J]. Journal of Entomology，7：141-151.

CHONG K P，DAYOU J，ALEXANDER A，2017. Control methods of *G. boninense* in oil palm industry[J]. Eds. K. P. Chong，J. Dayou and A. Alexander（Cham，Switzerland：Springer），21-30.

CHONG K P，DAYOU J，ALEXANDER A，2017. Current detection methods of *G. boninense* infection in oil palm. In K. P. Chong，J. Dayou，& A. Alexander（Eds.），Detection and control of *Ganoderma boninense* in oil palm crop[M]. New York：Springer.

CHUA C K，OOI K E，ABDUL R R，et al.，2011. Microstructure and life cycle of MetisaPlana WALKER（Lepidoptera：Psychidae）[J]. Journal of Sustainability Science and Management，6（1）：51-59.

DAYOU J，ALEXANDER A，SIPAUT C S，et al.，2014. On the possibility of using FTIR for detection of *Ganoderma boninense* in infected oil palm tree[J]. International Journal of Advanced Agricultural and Enviromental Engineering，1：161-163.

DHAHI T S，ADAM T，SUBASH C B，et al.，2020. Gold nanogap impedimetric biosensor for precise and selective *Ganoderma boninense* detection[J]. Biotech，12（11）：299.

DZULKAFLI S B，OTHMAN A，LAU B Y C，et al.，2022. Comparative proteome analysis of mycelial proteins from *G. boninense* vs *G. tornatum*：Identification of proteins potentially involved in the pathogenicity of *G. boninense*[J]. Physiological and Molecular Plant Pathology，117.

FADLY F，LISNAWITA L，SAFNI I，et al.，2021. The potency of antagonistic microbes as plant growth-promoting on oil palm seedling infected with basal stem rot disease（*Ganoderma boninense.*）[J].IOP Conference Series：Earth and Environmental Science，782（4）：042060.

FAIZAH R，PUTRANTO R A，WENING S，et al.，2020. Differential expression of root specific genes of oil palm seedlings at early stage of *Ganoderma boninense* infection[J]. IOP Conference Series Earth and Environmental Science，418：012044.

FIRAKE D M，BEHERE G T，ARNSCHEIDW R，et al.，2018. First report of coconut case caterpillar，*Mahasena corbetti* Tams（Lepidoptera：Psychidae）from India[J]. Phytoparasitica，46：355-364.

FLOOD J，HASAN Y，FOSTER H，2003. *Ganoderma* diseases of oil palm- an interpretation from Bah Lias Research Station[J]. The Planter，78：689-710.

FRITZ A，KATTENBORN T，KOCH B，2013. UAV-based photogrammetric point clouds Tree stem mapping in openstands in comparison to terrestrial laser scanner point clouds[J]. The International Archives of the Photogrammetry，Remote Sensing and Spatial Information Sciences，40：141-146.

GANAPATHY D，SIDDIQUI Y，AHMAD K，et al.，2021. Alterations in mycelial morphology and flow cytometry assessment of membrane integrity of *Ganoderma boninense* stressed by phenolic compounds[J]. Biology，10：930-949.

GEORGE M，UNNI K P，2009. Biology of the palm ktng Amathusia phidippus，an extremely rare and endangered butterfly of Peninsular，India[J].Journal of the Bombay Natural History Society，106（1）：118-120.

GHORBEL M，BRINI F，SHARMA A，et al.，2021. Role of jasmonic acid in plants：the molecular point of view[J]. Plant Cell Reports，40：1471-1494.

HANIN A N，PARVEEZ G K A，RASID O A，et al.，2020. Biolistic mediated oil palm transformation with alfalfa glucanase（AGLU1）and rice chitinase（RCH10）genes for increasing oil palm resistance towards *Ganoderma boninense*[J]. Industrial Crops and Product，144：112008.

HARYADI D，HENDRA H，SIDHU M，et al.，2019. The first report on basal stem rot disease causal pathogen in Asian Agri Group，North Sumatra，Indonesia[J]. Transactions on Science and Technology，6：141-149.

HARYADI D，HENDRA H，SIDHU M，et al.，2021. Nursery evaluation of potential endophytic Trichoderma spp. from North Sumatra，Indonesia as a biocontrol agent against *Ganoderma boninense* [J].Indian phytopathology：803–808.

HASHIM I C，SHARIFF A R M，BEJO S K，et al.，2021. Classification of Non–Infected and Infected with Basal Stem Rot Disease Using Thermal Images and Imbalanced Data Approach[J]. Agronomy，11：2373.

HÄTTENSCHWILER P，DEWHURST C，NYAURE S，et al.，2013. New bagworms（Lepidoptera，Psychidae）from oil palm plantations in Papua New Guinea[J]. Journal of the Swiss Entomological Society，86：243–260.

HO C L，TAN Y C，YEOH K A，et al.，2016. De novo transcriptome analyses of host–fungal interactions in oil palm（*Elaeis guineensis* Jacq.）[J]. BMC Genomics，17：66.

HO P Y.，NAMASIVAYAM P，SUNDRAM S，et al.，2020. Expression of genes encoding manganese peroxidase and laccase of *Ganoderma boninense* in response to nitrogen sources，hydrogen peroxide and phytohormones[J]. Genes，11：1263.

HUSIN N A，KHAIRUNNIZA–BEJO S，Abdullah A F，et al.，2020. Classification of Basal Stem Rot Disease in Oil Palm Plantations Using Terrestrial Laser Scanning Data and Machine Learning[J]. Agronomy，10（11）：1624.

HUSIN N A，KHAIRUNNIZA–BEJO S，ABDULLAH A F，et al.，2020. Application of ground–based LiDAR for analysing oil palm canopy properties on the occurrence of basal stem rot（BSR）disease [J]. Scientific Reports，10：1-16.

HUSHIARIAN R，YUSOF N A，DUTSE S W，2013. Detection and control of *Ganoderma boninense*：strategies and perspectives[J]. Springer Plus，2（1）：555.

ISHA A，AKANBI F S，Yusof N A，et al.，2019. An NMR Metabolomics Approach and Detection of *Ganoderma boninense* Infected Oil Palm Leaves Using MWCNT-Based Electrochemical Sensor[J]. Journal of Nanomaterials，1：1-12.

ISHA A，AKANBI F S，Yusof N A，et al.，2019. An NMR metabolomics approach and detection of *Ganoderma boninense*-infected oil palm leaves using MWCNT-based electrochemical sensor [J]. Journal of Nanomater，1：1-12.

JAMEEL R，AL-OBAIDI，YUSMIN M Y，Nurhanani R，et al.，2014. Identification of Proteins of Altered Abundance in Oil Palm Infected with *Ganoderma boninense*[J]. International Journal of Molecular Sciences，15：5175-5192.

JEE W R，CHONG K P，2015. *Ganoderma* colonization in oil palm tissues and soil after treated with phenolic acids[J]. Advances. Environmental Biology，9：7-12.

JOHARI S N Á M，BEJO S K，LAJIS G A，ct al.，2021. Detecting BSR-Infected Oil Palm Seedlings Using Thermal Imaging Technique [J]. 34：73-80.

KANDAN A，BHASKARAN R，SAMIYAPPAN R，2010. *Ganoderma*-A basal stem rot disease of coconut palm in south Asia and

Asia pacific regions[J].Archives of Phytopathology and Plant Protection，43：1445-1449.

KHAIRUNNIZA-BEJO S，SHAHIBULLAH M S，AZMI A N N，et al.，2021. Non-Destructive Detection of Asymptomatic *Ganoderma Boninense* Infection of Oil Palm Seedlings Using NIR-Hyperspectral Data and Support Vector Machine[J]. Applied Sciences，11：10878.

KHALED A Y，AZIZ S A，BEJO S K，et al.，2018. Development of classification models for basal stem rot（BSR）disease in oil palm using dielectric spectroscopy[J]. Industrial Crops and Paoducts，124：99-107.

Khoo Y W Chong K P，2023. *Ganoderma boninense*：general characteristics of pathogenicity and methods of control[J]. Frontiers in Plant Science，14：1156869.

KRESNAWATY I，MULYATNI A S，ERIS D D，et al.，2020. Electronic nose for early detection of basal stem rot caused by Ganoderma in oil palm[J]. IOP Conference Series：Earth and Environmental Science，468：012029.

KUNST F，OGASAWARA N，MOSZER I，et al.，1997. The complete genome sequence of the gram positive *bacterium Bacillus* subtilis[J]. Nature，390（6657）：249-256.

KURIHARA J，KOO V C，GUEY C W，et al.，2022. Early Detection of Basal Stem Rot Disease in Oil Palm Tree Using Unmanned Aerial Vehicle-Based Hyperspectral Imaging[J]. Remote Sensing，14：799.

LEONG T M，LIM K K P，2012. First record of the bagworm moth，Mahasena corbettiTams in Singapore（Lepidoptera：Psychidae）[J]. Nature in Singapore，5：1-5.

LIAGHAT S，MANSOR S，EHSANI R，et al.，2014. Mid-infrared spectroscopy for early detection of basal stem rot disease in oil palm[J]. Computers and Electionics in Agricuture，1：48-54.

LIM H P，FONG Y K，2005. Research on basal stem rot（BSR）of ornamental palms caused by basidiospores from *Ganoderma boninense* [J]. Mycopathologia，159：171-179.

LOYD A L，LINDER E R，Anger N A，et al.，2018. Pathogenicity of *Ganoderma* species on landscape trees in the Southeastern United States [J]. Plant Disease，102：1944-1949.

LOZANO IVAN，MORALES，F，et al.，2010 Molecular Characterization and Detection of African Oil Palm Ringspot Virus[J]. Journal of Phytopathology：167-172.

MALUIN F N，HUSSEIN M Z，IDRIS A S，2020. An overview of the oil palm industry：Challenges and some emerging opportunities for nanotechnology development[J]. Agronomy（Basel），10：356.

MALUIN F N，HUSSEIN M Z，YUSOF N A，et al.，2019. Preparation of chitosan hexaconazole nanoparticles as fungicide nanodelivery system for combating *Ganoderma* disease in oil palm[J]. Molecules，24：2498.

MARÍN-ORTIZ J C，GUTIERREZ-TORO N，BOTERO-FERN' d V，et al.，2020. Linking physiological paramcters with visible/near-infrared leaf reflectance in the incubation period of vascular wilt disease [J].Saudi Journal of Biological Sciences，27（1）：88-99.

MERCIÈRE M，BOULORD R，CARASCO-LACOMBE C，et al.，2017. About *Ganoderma boninense* in oil palm plantations of Sumatra and peninsular Malaysia: Ancient population expansion, extensive gene flow and large scale dispersion ability[J]. Fungal Biology, 121: 529–540.

MEXZÓN R G, CHINCHILLA C M, 2003. Plant species attractive to beneficial insects in oil palm plantations in Costa Rica[J]. Revista Palmas, 24（1）: 33–57.

MEXZÓN R G, CHINCHILLA C M, 2011. Opsiphanes cassina Felder（Lepidoptera: Nymphalidae）, defoliator of the oil palm（Elaeis guineensis Jacquin）in Central America[R]. ASD Oil Palm Paper, 36: 14–33.

MIDOT F, LAU S, WONG W C, et al., 2019. Genetic diversity and demographic history of *Ganoderma boninense* in oil palm plantations of Sarawak, Malaysia Inferred from ITS regions[J]. Microorganisms, 7: 464.

MIH A M, KINGE T R, 2015. Ecology of basal stem rot disease of oil palm（*Elaeis guineensis* Jacq.）in Cameroon[J]. Americorn Journal of Agricultural Economics, 3: 208–215.

MOHD F A, WAN M A, SYAZWAN W A, et al., 2018. First repord of basal stem rot of foxtail palm, Wodyetia bifurcata caused by *Ganoderma boninense* in Malaysia[J]. Plant Disease, 102: 1461.

MOHD S I, IDRIS A S, MOHD H R, et al., 2020 Surveillance of *Ganoderma* disease in oil palm planted by participants of the smallholders replanting incentive scheme in Malaysia[J]. Journal of Oil Palm Research, 32: 237–244.

MURPHY D J, 2014. The future of oil palm as a major global crop:

Opportunities and challenges[J]. Journal Oil Palm Reseavoh，26：1–24.

MURPHY D J，GOGGIN K，PATERSON R R M，2021. Oil palm in the 2020s and beyond：Chanllenges and solutions[J]. CABI AgriC Biosci，2（1）：39.

MUSTAFA I F，HUSSEIN M Z，SAIFULLAH B，et al.，2018. Synthesis of（Hexaconazolezinc hexaconazolezinc/aluminum–layered double hydroxide nanocomposite）fungicide nanodelivery system for controlling *Ganoderma* disease in oil palm[J]. Journal of Agricultural and Food Chemistry，66：806–813.

NAHUM J S，DE SANTOS L S，DOS SANTOS C B，2020. Formation of palm oil cultivation inn para' s amazon[J]. Mercator（Fortaleza），19：1–14.

NAJIHAH N I，HANAFI M M，IDRIS A S，et al.，2015. Silicon treatment in oil palms confers resistance to basal stem rot disease caused by *Ganoderma boninense*[J].Crop Protection，67：151–159.

NURFAEZAH S，DZOLKHIFLI O，Nasehi A，et al.，2019. Pyraclostrobin suppressed *Ganoderma* basal stem rot（BSR），promoted plant growth and induced early expression of beta–1，3–glucanase in oil palm（*Elaeis guineensis*）[J]. Journal Oil Palm Reseavoh，31：248–261.

OMMELNA B G，JENNIFER A N，CHONG K P，2012. The potential of chitosan in suppressing *Ganoderma boninense* infection in oil–palm seedlings[J]. Journal of Sustain Science and Management，7：186–192.

ONG C E，AHMAD R，GOH Y K，et al.，2021. Growth modulation and metabolic responses of *Ganoderma boninense* to salicylic acid stress

[J]. PLos One，16（12）：e0262029.

ONG C E，GOH Y K，TAN S Y，et al.，2018. A preliminary study on the effects of salicylic and jasmonic acids on *Ganoderma boninense* growth，mycelial hydrophobicity，and media pH under in vitro assays [J]. Archives of Phytopathocogy and Plant Protection，51：122–127.

PATERSON R，2019. *Ganoderma boninense* disease deduced from simulation modelling with large data sets of future Malaysian oil palm climate[J]. Phytoparasitica：1–8.

PILOTTI C A，GOREA E A，BONNEAU L，2008. Basidiospores as sources of inoculum in the spread of *Ganoderma boninense* in oil palm plantations in Papua New Guinea[J]. Pathology，67：1841–1849.

PLATA–RUEDA A，QUINTERO A H，SERRÃO E J，et al，2020. Insecticidal Activity of Bacillus thuringiensis Strains on the Nettle Caterpillar，Euprosterna elaeasa（Lepidoptera：Limacodidae）[J]. Insects，11（5）：310.

PORNSURIYA C，SUNPAPAO A，SRIHANANT N，et al，2013. A survey of diseases and disorders in oil palms of Southern Thailand[J]. Plont Pathology Journal，12：169–175.

PRIWIRATAMA H，PRASETYO A E，SUSANTO A，2020. Incidence of basal stem rot disease of oil palm in converted planting areas and control treatments[J]. IOP Conference Series：Earth and Environmental Science，468：012036.

PRIWIRATAMA H，PRASETYO A E，SUSANTO A，2014. Pengendalian penyakit busuk pangkal batang kelapa sawit secara kultur teknis[J]. Jurnal Fitopatologi Indonesia，10：1–7.

PRIWIRATAMA H，ROZZIANSHA T A P，PRASETYO A E，2023. Potential application of spinetoram as an alternative insecticide for controlling oil palm bagworm Mahasena corbetti. International Conference on Modern and Sustainable Agriculture（ICOMSA），1133：12025.

PURBA A，BASYUNI，M，PUTRI，L A，et al.，2019. Sequence analysis of *Ganoderma boninense* isolates from oil palm[J]. IOP Conference Series：Earth and Environmental Science，260：012172.

RAHAMAH B M，PAIKO A S，KHAIRULMAZMI A，et al.，2016. Control of basal stem rot disease in oil palm by supplementation of calcium，copper，and salicylic acid[J]. Plont Pathology Journal，32：396–406.

RAHMAN M A，JAHAN H，TALUKDAR S，et al.，2019. First record of the bagworm moth，Mahasena corbetti Tams（Lepidoptera：Psychidae）in Bangladesh[J]. International Journal of Innovative Research，4：22-26.

REBITANIM N A，HANAFI M M，IDRIS A S，et al.，2020. GanoCare improves oil palm growth and resistance against *Ganoderma* basal stem rot disease in nursery and field trials[J]. BioMed Researoh International，2020：1–6.

REES R W，FLOOD J，HASAN Y，et al.，2017. Effects of inoculum potential，shading and soil temperature on root infection of oil palm seedlings by the basal stem rot pathogen[J]. Plant Pathology，56：862-870.

REES R.W，FLOOD J，HASAN Y，et al.，2009. Basal stem rot of oil palm（*Elaeis guineensis*）；mode of root infection andlower stem invasion by *Ganoderma boninense*[J].Plant Pathology，58：982-998.

RENARD J L，FRANQUEVILLE H，1989. Oil palm vascular wilt. Oleagineux，44：342-347.

RHAINDS M，HO C T，2002. Size-dependent re-productive out of female bagworms（Lepidoptera：Psychidae）：implications for inter-generational variations of population density[J]. Applied Entomology and Zoology，37（3）：357-364.

ROBINSON G S，ACKERY P R，KITCHING I J，et al.，2011. Hosts database of the World's Lepidopteran Hostplants[M]. London：Natural History Museum.

RODOLFO O O，ELSON S，BENJAMÍN V H，et al.，2021. Opsiphanes cassina fabricii（Boisduval），in Oil Palm Plantations at Tabasco，México[J]. Southwestern Entomologist，46（3）：737-750.

ROTT M E.，JELKMANN W，2001. Complete nucleotide sequence of cherry necrotic rusty mottle virus. Arch. 146：395-401.

ROZLIANAH F S，JUALANG A G，Chong K P，2015. Fatty acids and phenols involved in resistance of oil palm to Ganoderma boninense[J]. Adv. Environ. Biol，9：11-16.

SAAD M M，ALI N S，MEON S，2020. Relationship between *ganoderma* ergosterol concentration and basal stem rot disease progress on *Elaeis guineensis*[J]. Tropical Life Science Research，31（1）：19-43.

SCHUILING M，DINTHER J，1981. Red ring disease in the Paricatuba Oil Palm Estate，Pará，Brazil. Zeitschrift fur Angewandte Entomologie，91：154-169.

SHAFRI H Z，ANUAR M I，SEMAN I A，et al.，2011. Spectral discrimination of healthy and *Ganoderma*-infected oil palms from hyperspectral data[J]. International Journal of Remote Sensing，32：7111-7129.

SIERRA M J，SIERRA M L，Olivero V J，2017. Economic potential of the oil palm（Elaeis guineensis Jacq）[J]. Agronomia Mesoamericana，28：523.

SIGIT P，SOEHARTO，SUSILO H A，et al.，2022.Virulence of Metarhizium isolated from infected Oryctes rhinoceros L.（Coleoptera：Scarabaeidae）larvae around coconut plantations in East Java，Indonesia [J].Egyptian Journal of Biological Pest Control，32（1）：146.

SOH A C，2017 Breeding and genetics of the oil palm[J]. Palm Oil，（2）：31–58.

SUJARIT K，PATHOM-AREE W，MORI M，et al.，2020. Streptomyces palmae CMU-AB204T，an antifungal producing-actinomycete，as a potential biocontrol agent to protect palm oil producing trees from basal stem rot disease fungus，*Ganoderma boninense*[J]. Biol. Control，148：104307.

SULAV P，SEAN D G MARSHALL，NICOLA K R，et al.，2022.Coconut Rhinoceros Beetle in Samoa：Review of a Century-Old Invasion and Prospects for Control in a Changing Future[J].Insects，13（5）：487–487.

SURENDRAN A，SIDDIQUI Y，MANICKAM S，et al.，2018. Role of benzoic and salicylic acids in the immunization of oil palm seedlings-challenged by *Ganoderma boninense*[J]. Industrial Crops and Products，122：358–365.

TAN M H，JAMLOS M I S，OMAR A F，et al.，2023 Ganoderma boninense classification based on near-infrared spectral data using machine learning techniques[J]. Chemometrics and Intelligent Laboratory Systems，232：104718.

TAY，Z H，Chong K P，2016 The potential of papaya leaf extract in controlling *Ganoderma boninense*[J]. IOP conf. Ser.: Earth Environ. Sci，36：12027.

TISNE S，POMIÈS V，RIOU V，et al.，2017. Identification of *Ganoderma* disease resistance loci using natural field infection of an oil palm multiparental population [J]. G3，7：1683-1692.

TZI M L，KELVIN K P L，2012. Record of the bagworm moth，Mahasena corbettI Tams in Singapore（Lepidoptera：psychidae）[J]. Nature in Singapore，5：1-5

VIDURANGA Y W，2023. Integrated Pest Management（IPM）in Oil Palm，Elaeis guineensis Jacq[R/OL]. The edited volume Palm Oil - Current Status and Updates. DOI：10.5772/intechopen.108580

WATSON A G，1974. Pathogenicity test for identification of Fusarium oxysporum f.sp. albedinis[J]. Bulletin d'Agronomie Saharienne，1：37-38.

WOOD BJ，PIGGOT CJ，Phang S，et al.，1973. Aerial application in oil palms[J]. Oleagineux，28：275-282.

WULANDARI Y R E，FELICIA A R，ARIFIN A，et al.，2018. *EgMLP1* gene expression in oil palm ramet infected with *Ganoderma boninense*[J]. International Journal of Oil Palm，1：87-94.

YONG L Z，KHAIRUNNIZA-BEJO S，JAHARITI M，et al.，2023. Automatic Disease Detection of Basal Stem Rot Using Deep Learning and Hyperspectral Imaging[J]. Agriculture，13（1）：69.

ZAKARIA L，2023. Basal STEM Rot of Oil Palm：The Pathogen，Disease Incidence，and Control Methods[J/OL]. Plant Disease，107（3）：603-615. DOI：10.1094/PDIS-02-22-0358-FE.

第五章

油棕机械采收生产技术

第一节　油棕采收机械概述

一、油棕机械采收的研究意义

油棕为棕榈科直立乔木状热带油料作物，目前全球种植面积约4.4亿亩，但产业机械化程度低，目前国内外油棕田间管理主要依靠人工完成，油棕果穗的采收作为田间管理重要环节，是一项繁重的工作，采收成本占到总成本的50%以上。由于油棕树体高达10米或更高，果柄结合力大，且采果前需先修剪掉叶片，导致采摘技术要求高、采摘难度大、效率低，且专业采收工雇工困难。油棕采收割叶可用割叶铲或钩刀，留叶桩长12～20厘米，切口宜平滑，稍向外倾斜，叶柄痕呈倒三角形，紧贴树干，以防积水并方便以后作业，每年应进行2～3次割叶。油棕叶柄较厚，靠近树干的成熟油棕叶柄末端厚度为60～90毫米，宽度为150～250毫米，油棕叶柄质地较为坚硬，需要较大的剪切力才能完成叶片的切割。园林业普遍采用的修枝剪的剪切直径一般范围是20～50毫米，这种工具难以有效完成油棕叶柄的剪切作业。目前常用的采收工具主要是长柄钩刀和铲刀，劳动强度大且效率低，作业成本高，单纯人工钩刀采收难以满足日益扩大的生产种植规模需求。

油棕的规模化种植和经营需要大量的采果工，实际生产中用工荒和高人工成本成为油棕产业技术提升的关键瓶颈。因此，通过集成轻量化、智能化和自动化技术，开发出轻简型油棕高效采果装备实现采果智能化、自动化是解决当前产业问题的关键举措，突破油棕采收机械化生产关键技术难题。

二、油棕机械采收的类型

油棕果穗采收工具主要有斧头、弯刀（长柄弯刀）、铲刀、机械割果机等。因树龄或树冠离地面高度不同，其收果时各有优缺点。

（一）斧头

斧头是常见的伐木手工具，早期曾在东南亚广泛使用。其优点是操作简便，效率高。但容易砍伤相邻的叶片，现已基本淘汰。

（二）弯刀

在非洲早期的油棕园，几乎全是用弯刀进行采收，效率较低。当油棕树长高至不适合再用一般的工具（凿子、铲子、小斧头）从地上砍收果穗时，可改用长柄弯刀收割，以免爬树。长柄弯刀的刀柄用铝合金做成，长 1～1.5 米，采收高干油棕用的刀柄可长达 10 米。长柄弯刀使用起来比较经济，使用时先用刀刃勾住果穗柄，再用力往下拉，利用冲击力割断果柄。但这种作业会割到相邻的叶片，熟练工人操作可减少叶片的误割伤害。

（三）铲刀

带柄铲刀是目前较理想的专用采收工具，其木柄长 0.9～1.5 米，刀刃宽 7～12 厘米，长约 25 厘米，全长约 45 厘米，适于采收和割叶用。结果前 3 年的幼龄油棕园通常直接用铲刀采收果穗，但在油棕到达 12 龄或树冠离地 3.5 米以前，也用铲刀采收，但需要工人爬树或使用梯子辅助作业。其优点是在使用时一般不会割到绿色叶片。

（四）机械割果机

机械割果机只适用于茎干不超过 5 米的油棕，刀口锋利，通过快速的啄砍动作将果串柄割断，操作者的手臂必须习惯承受高强度的机械振动。熟练工人一天工作可割下 300～900 鲜果串，10～15 公顷油棕，相对于单靠人力，一天只能采割 100～300 鲜果串的人力，效率大大提高。由于油棕园的地势不同，该割果机需要专用机械道和驾驶工人，限制了其在一些山坡丘陵地方的推广应用。

除上述采果工具外，还有使用装在履带式拖拉机或轮式拖拉机上的载人起重臂进行采收作业。该设备可将采收工人送至高达 12 米油棕树的果穗上进行砍收，砍收的果穗直接装入卡车，节省了大田内装运果穗的作业，既节省时间，又提高工作效率，但整体采收设备价值较高，作业成本相对较高。

近年来，马来西亚政府开展了棕榈果的采摘研究，但是一直未取得重大突破。印度尼西亚也是主要的棕榈油生产国，其采摘方式仍然以人工刀砍为主，劳动强度大，作业效率低，需要耗费大量的人力资源，在采收旺季时往往出现人手不足的情况，以至棕榈果的采收效率不高，从而降低其经济效益。油棕主要生产国家的工业整体水平及产业集中度较低，生产技术落后，制造装备的精度、效率、可靠度较低，一些关键部件的自主开发不够，部分核心部件仍以进口为主，这些因素严重制约了油棕主要生产国如印度尼西亚、马来西亚等国的采收机械发展。

我国针对目前油棕果穗采收中存在问题，研发和试制了若干款适用于油棕园使用的轻简化采果机。围绕油棕果穗的生长特性、采果机构，通过集成轻量化、智能化和自动化技术，开发出轻简型油棕高效采果装备。通过建立力学分析模型，突破基于人工采收果穗的原理及与之适应的采收机械新结构设计；根据油棕果穗成熟的特性，进行采摘时熟果智能化识别；攻克采果切割力度的精准控制、自动适应果穗着生位置识别等技术难题。探索研发轻简、适用、高效的油棕采果机械装备及技术，开发出轻简型油棕高效采果装备是解决当前产业问题的关键。通过突破该项油棕机械化生产关键技术难题，助力产业提质增效、降低成本，可为我国油棕大面积发展及支持企业“走出去”发展油棕种植业奠定技术基础（图 5–1 至图 5–4）。

图 5–1　油棕叶柄断面宽度

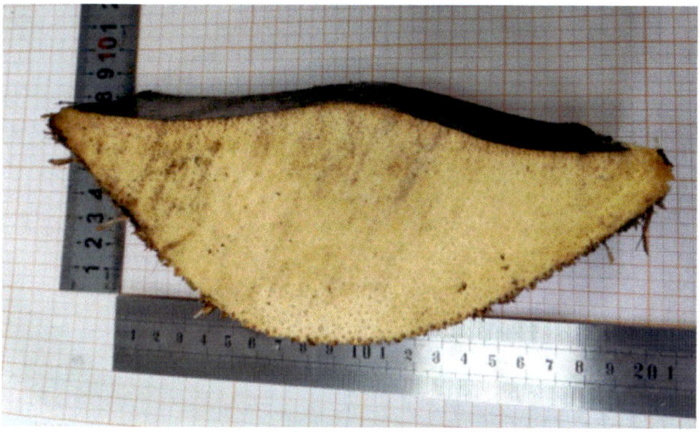

图 5–2　油棕叶柄断面厚度

图 5-3　钩刀采果

图 5-4　铲刀采果

第二节　简易油棕采收刀具

一、铲式油棕采收机械基本结构

油棕采收最初使用斧头砍断油棕叶柄及果柄。这种方式主要是在油棕形成茎干前使用，在东南亚曾广泛使用，其优点是操作简便，效率高，但会砍到果穗下方的叶片，且切口不平整，不利于油棕植株的生长，现已不提倡使用（图 5-5）。

图 5-5　斧头采收油棕

（图片来源：百度文库）

铲刀是较为适合油棕园的田间管理工具。一般有扁平的直刀形和钩刀形两种，可以根据需要进行更换。铲刀的主要优势是使用灵活和功能多样，使用起来非常方便。使用时可根据油棕树的高度选用不同长度的连杆与铲刀结合操作（图 5-6）。

使用直刀形铲刀时，双手握住连杆末端，直刀头对准油棕叶柄或果柄，用力快速前推直刀，迅速完成油棕叶柄或果柄的冲击斩断。使用钩刀铲刀时，双手握住连杆末端，先将钩刀塞入油棕叶柄或果柄末端的合适位置，再用力快速往后拉钩刀，迅速完成油棕叶柄或果柄的切割。

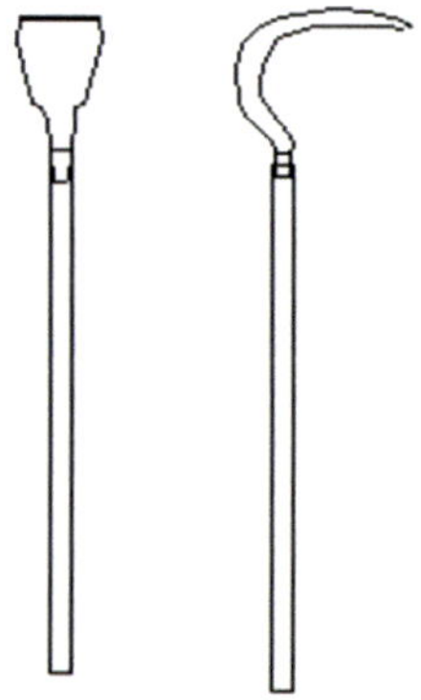

图 5-6　油棕铲刀

二、铲式油棕采收机械工作原理

背负式加长杆油棕收割机一般使用两冲程汽油机为动力或使用蓄电池及配套电机为动力，头部安装有往复式钩刀或铲刀。通过刀具的往复式运动完成油棕叶柄及果柄的切割（图 5-7）。与人工铲刀相比，将切割油棕叶柄 / 果柄的动力由人力改为机械动力，可有效大幅降低操作人的劳动强度。

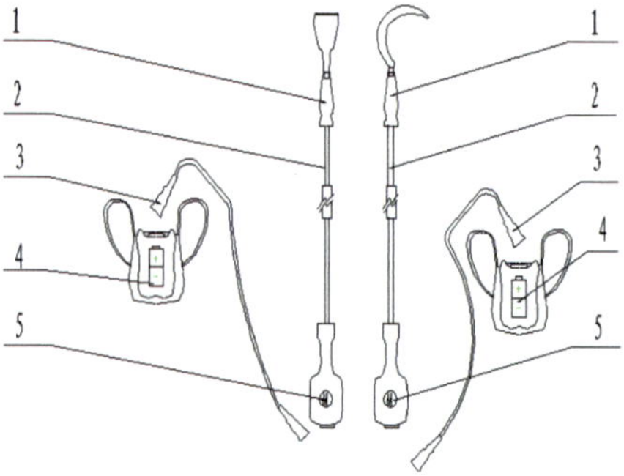

1．变速器；2. 传动杆；3. 连接电缆；4. 背负式电池；5. 电动机

图 5-7　背负式电动油棕采收铲刀（陈沛民绘图）

三、铲式油棕采收机械安全使用

铲刀的使用方法：①调整握柄的长度和角度，使其适合自己的身高和使用习惯，能够更舒适地使用铲刀。②向前铲油棕叶柄或果柄，将铲刀插入油棕叶柄，然后手握握柄，用力向外推进，为了减少劳动强度，可以将刀背向自己倾斜，将切割面朝外，并多次移动铲刀，减小每次前行的距离，以减轻手臂和肩部的负担。

铲刀的注意事项：①垂直插入叶柄，铲刀在使用时应该垂直插入叶柄，避免刀尖与其他硬物碰撞而导致损伤。②保持稳定，铲的时候要保持均匀的重心，不能过于迅速或者过于用力，防止发生意外或者铲刀脱离手掌。③使用完铲刀后，应当清洗干净并晾晒，放置在干燥通风处存放，避免生锈和腐蚀。

四、未来优化改进的方向

铲式油棕采收机作为一种主要的收获方式，未来优化改进方向如下。

（一）轻便化

未来田间便携式工具的趋势将是轻便化，更便携、更舒适，使操作更加灵活和方便。体积和重量将会逐渐减小，同时功率和续航能力得到提高。

（二）高效化

除了轻便化，未来田间管理工具还将更加高效化。随着电机控制技术和动力电池技术的不断提高，电动工具的效率和能量利用率也将得到提升，使其在油棕生产中更加高效。

（三）健康化

手持铲刀在使用过程中不可避免会产生振动，对用户的健康造成潜在危害，未来采用新型减振材料，在受到压力时能够迅速转化并吸收能量，有效减少铲刀使用过程中产生的振动对用户造成的身体伤害。

第三节　锯式油棕采收机

一、锯式油棕采收机械基本结构

链锯是森林采伐、造材、打枝等作业过程中广泛使用的工具，锯切工作中多以小径材为主。在目前链锯市场上油锯占有率超过了80%，油锯使用汽油作为动力，噪声较大，振动较大，操作不易。随着城市的发展和人民生活环境的要求不断提高，对于园林绿化的需求也日益增加，电链锯是园林电动工具系列产品中重要的一个类别，锂电池链锯在环保性和工作环境等方面均优于传统的汽油链锯，产品整体轻量化以及便捷性特点，随着高容量锂离子电池技术的不断发展，直流锂电链锯产品的市场份额不断增加。背负式电动油棕采收锯能更加有效快速完成较大尺寸的油棕叶柄的切割，操作简便，劳动强度小，能有效提升工作效率（图 5-8）。

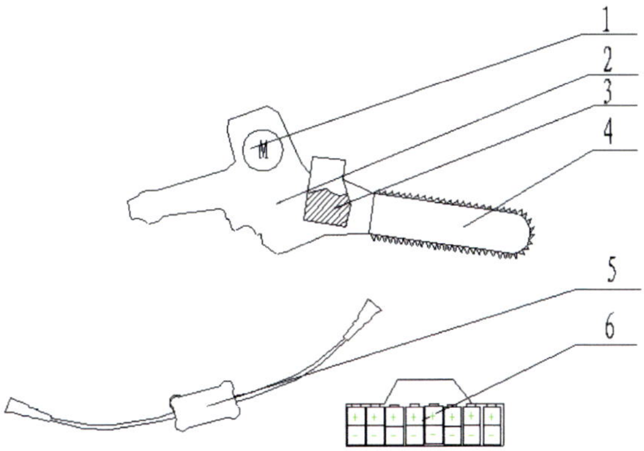

1. 电动机；2. 机体；3. 润滑油壶；4. 链锯导板；5. 控制器；6. 电池

图 5-8　背负式电动油棕采收锯刀

二、锯式油棕采收机械工作原理

链条锯的工作原理就是通过发动机带动链条上的锯齿快速旋转，切割物体。切割时，锯齿会不断地嵌入和退出物体，完成切割作业。

在电动链锯使用中，启动电机后，电机高速旋转带动链条驱动轮旋转，进而带动链条锯齿循环往复运动，利用链条的运动完成切割。锯齿分为切割锯齿和清理锯齿两种，前者用于切断物体，后者用于清理锯末和木屑。导板固定在锯齿下方，帮助调节锯齿的切割深度和角度，保证切割的精确度和效率。

三、锯式油棕采收机械安全使用

当使用电链锯时，应该先检查链条刃口的尖锐程度和润滑油壶是否有足够的润滑油，并确保链条安装方向正确无误。将盖板调整好后，链条的松紧度应用手提起导板中间部位的链条，以露出 3 或 4 个中导齿为宜。

使用时，应该稳定地握住手柄，使锯齿正好嵌入油棕叶柄，然后轻微的向下施压以连续的运动切割油棕叶柄。切割时保持锯齿成直线状态，并注意勿将锯齿卡在油棕缝隙中。

安全方面，使用前需要戴上安全帽、耳塞、护目镜和手套等防护用品，在使用时遇到卡锯时，应先缓慢松开启动开关防止链条突然崩开，以确保安全。

保养方面，机器需在阴凉干燥位置，链条需密封保存防止生锈，使用时添加润滑油。

四、背负式高枝油棕采收锯机械

多年生高大的油棕采收操作时难度较大，虽有高枝油棕铲等产品，但比较笨重，操作和养护均不便。近年来，随着技术的发展，越来越多的采收机械采用了锂电池作为动力，整体质量减轻，使用更为方便灵活。

背负式高枝油棕采收锯总长约 2 米，总质量 5～6 千克，可拆分为两节，卡扣连接，便于携带。高枝锯前端为链锯，采用 10 寸导板，能有效对所有尺寸的油棕叶柄及果柄进行切割；中间为铝合金连杆；开关、电机和电池位于连杆后端。电机采用永磁无刷电机，功率为 1 千瓦，体积小，免维护，不易发生故障。采用按压式开关设计，不易误触。启动按压式开关电锯转动，松开后电锯停止转动。长按开关电锯持续转动，松开再按即停。配备的背负式锂电池，可满足一天（8 小时）正常采收工作需要。背负式高枝油棕采收锯切割速度快，完整锯断一片油棕叶柄用时 10～20 秒。

操作流程及注意事项。使用前确保高枝锯各部分连接牢固；使用者要佩戴护目镜，以免锯末飞入眼睛，注意周边人员安全位置，预估油棕叶柄锯断后倒落位置，防止链刃、锯末和油棕叶片伤人；在接近枝干时启动链锯，转速达到最高时，迅速切入木质，提高切割效率。锯断叶柄后，先关电锯，再移开采收锯；锯枝干可用链锯的长边切割，也可用链锯的顶端将油棕叶柄蹭断；一般背负式高枝油棕采收锯还可根据油棕树的高度连接加长杆，可使采收锯总长达到 3 米左右（图 5-9）。注重维修和保养。

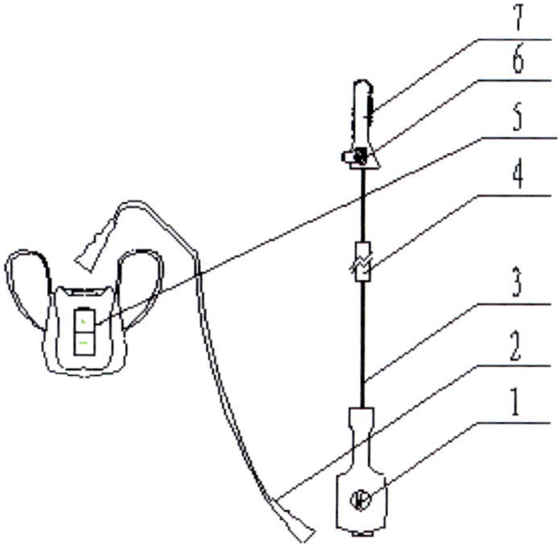

1. 电动机；2. 连接电缆；3. 传动轴；4. 延长杆；5. 背负式电池；6. 润滑油壶；7. 链锯导板

图 5-9　背负式电动油棕采收锯

五、小型化自走式履带油棕采摘升降平台

小型化自走式履带油棕采摘升降平台具有较强的野外山地工况下爬坡、越障能力，能完成对 6 米高度以下油棕果穗的高效采收工作。整机动力采用风冷四冲程汽油机，额定功率 5.2 千瓦，底盘采用履带式行走机构，整机通过性强，地形适应性较好。可在地面或平台上操作升降起身功能，使用更加安全。采用液压升降装置，升降动作平稳可靠，操作人员在平台上可进行升降高度调整。标准化种植油棕园更

加适合履带油棕园采摘升降平台作业，采摘平台还可有效完成一定数量的油棕果串收集运输工作，有效提高工作效率。升降平台搭配不同类型的喷药机械还可以有效完成油棕的喷药植保工作（图 5-10，图 5-11）。

图 5-10　移动升降平台采收油棕

图 5-11　自走式履带油棕采摘升降平台

六、未来优化改进的方向

随着科技的不断进步，采果电锯将继续发展并改进其性能和功能。高效、智能化的电锯将进一步提升油棕采收的效率和质量，满足不断增长的市场需求。同时，对于可持续发展的重视，也推动锯式油棕采收机技术朝着更加省电、环保的方向发展，减少对环境的影响。

第四节　剪式油棕采收机

剪式油棕采收机是一种通过电机驱动的油棕剪，操作简便轻巧，能够快速、高效地修剪油棕叶柄及果柄。剪式油棕采收机的锋利刀片和强大的电机使得其能够轻松地剪断油棕果柄。

剪式油棕采收机的剪切刀片一般采用 SK–5 材料，并经过合金钢锻造和高温淬火处理，使刀头具有高硬度并能保持锋利度更长时间。这种设计保证了剪枝时的顺畅度和准确度，同时延长了产品的整体使用寿命。剪式油棕采收机使用时刀片快速往返运动，剪切一次用时约 0.33 秒，可有效完成 150 毫米宽度以内的油棕叶柄剪切。刀片和弧形设计相结合，切断后的切口平整、光滑，且不连皮、不伤树，保证了树能快速愈合，可有效避免手工剪切后因切口不平或撕裂而引起的腐烂病变。

剪式油棕采收机整体轻便易于携带，能有效提高单人剪枝作业的效率。剪式油棕采收机的电机为直流无刷大功率纯铜电机，动力输出强劲。相比传统的有刷电机，无刷电机具有更高的效率和更低的能耗，能够在省电节能的同时保持高效工作状态，提升剪枝效率。使用背负式大容量锂电池，可以保持稳定长时间连续剪枝作业。此外，锂电池还支持快速充电，并且可以拆卸，方便用户进行更换或备用。这种设计确保了修剪过程中持久的续航能力和供电稳定性。

剪式油棕采收机安全可靠、高效便捷的采收工具。锋利的刀片保障了剪切效果，大容量锂电池可提供较强的持久续航油棕采收作业能力，较为适合低龄油棕园的采收作业。

一、剪式油棕采收机械基本结构

剪式油棕采收机包括主体、电源、电动机、剪刀头、控制盒等几个组成部分（图 5-12）。主体是修枝剪的支撑部分，负责支持整个设备的重量，使其能够在工作时稳定运行。电源是修枝剪的电源供应部分，通常采用蓄电池供电，蓄电池的容量决定了修枝剪的使用时间。

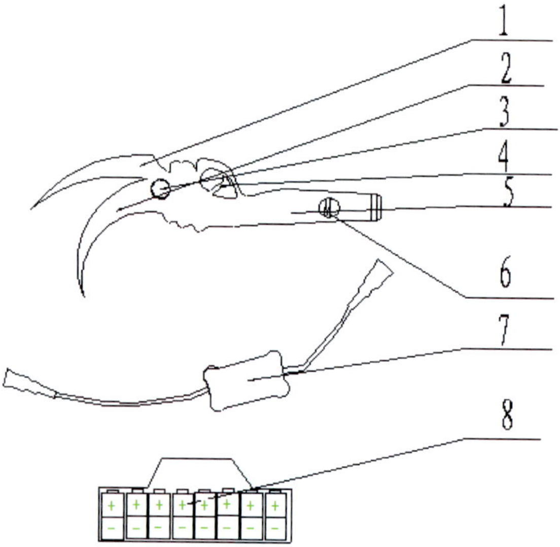

1. 定刀；2. 动刀；3. 固定销；4. 扳机；5. 机体；6. 电机；7. 控制器；8. 电池

图 5-12　剪式电动油棕采收机

剪式电动油棕采收机采用电机作为动力，电机通过传动机构带动剪刀旋转剪切，进而剪断树枝。剪刀头是剪式电动油棕采收机的核心部分，由固定刀和活动刀构成，通过电动机的驱动来实现对油棕叶柄及果柄的剪切。

控制盒是剪式电动油棕采收机的控制部分，负责接收操作者的指令，并将指令传输到电动机和剪刀头等部件中。控制系统主要包括控制按钮、电路板、电线等组成，通过控制按钮控制电动机的启动和停止。

二、剪式油棕采收机械工作原理

油棕园使用电动油棕剪切采收机比起传统手工钩刀采收效率提高8～10倍，只需把刀口放到油棕叶柄上，按下开关，电机带动动刀片进行旋转完成剪切动作，省力省时（图5-13）。

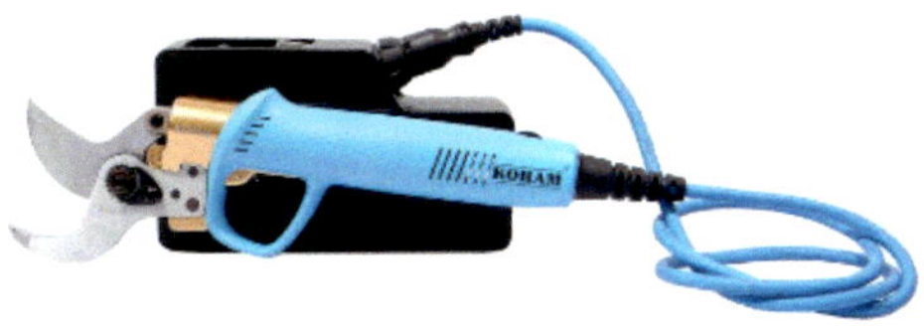

图5-13　电动油棕剪切采收机

剪式油棕采收机的开合原理是电机通过传动机构的带动下使剪刀头的对定片和活动刀片实现相对运动，从而将剪切部位夹紧并切断。

具体步骤如下：按下剪式电动油棕采收机上的控制按钮，启动电机；电机带动传动机构，传动机构带动剪刀头夹住修枝部位；剪刀头的定刀片和活动刀片相互配合实现对油棕叶柄的夹紧；电机继续运转，剪刀头实现对油棕叶柄的剪切。

电动油棕剪切采收机作业平稳，剪切效率高，剪切质量满足园艺要求。剪切面平整光滑，电动剪切撕裂率低于10%（图5-14）。设备具有自我保护功能，刀片卡死状况时，电路自检程序起动马达监控，避免电机烧毁。

图 5-14　电动油棕剪切采收机剪切效果

电动油棕剪切采收机采用额定电压为 40 伏背负式锂电池，手持部分刀头约 1.8 千克，操作轻松简便。能有效将宽带为 150 毫米以内的油棕叶柄进行切割，能有效完成油棕果柄的剪切，大幅改善果农的作业环境，提高采收效率。

电动油棕剪切采收机在海南油棕园及印度尼西亚油棕园田间的切割试验，表明该装置能一次性切割宽度 150 毫米以内的新鲜油棕叶柄，切割平整光滑，满足油棕园的作业要求；装置结构简单，性能稳定可靠，能有效提高油棕采收效率并大幅降低劳动强度（图 5-15，图 5-16）。

图 5-15　电动油棕剪切机田间采收

图 5-16 电动油棕剪切机印度尼西亚应用

三、油棕采收机械安全使用

剪式电动油棕采收机在使用时一定要遵守安全规则，正确使用电动油棕剪刀工具，要佩戴安全装备、避免湿润的环境、保持安全距离，保持安全意识。

四、未来优化改进的方向

随着电动树木修剪器技术和材质的不断进步，其整体质量也有了显著提升。未来剪式油棕采收机应减少故障率，优化结构参数，提高整机性能水平；改进刀头材料和热处理工艺，提高刀片剪切能力和使用寿命。电池是剪式油棕采收机的动力源，也是制约便携式电动工具发展的重要因素之一。目前电池面临最关键的技术问题是，有限的续航时间、动力性能和循环寿命。未来采用大容量锂电池，配合高质量刀头才能显著提高剪切能力和延长作业时间，从整体上提高剪式油棕采收机的工作性能。

第五节　智能化油棕采收机

自动化、智能化时代的到来将快速推动农业生产装备的升级，使其朝着实用、智能、标准、绿色环保的趋势发展。近年来出现了新的油棕果穗采收方式。激光切割修剪装置是从地面发射可控激光进行远距离切割油棕叶柄及果柄，具有安全、快速等优点。激光切割仪器可根据植物材料选择不同波长的激光设备。园林绿植激光修剪装置一般由固激光切割组件、图像获取模块和控制器组成。激光切割修剪装置通过不断地更新和优化，在切割精度、瞄准系统、控制系统、激光发射系统、切割效果等方面的性能得到全面提升（图 5-17，图 5-18）。

图 5-17　远程激光切割仪

图 5-18　激光切割（示意图）

第六节　油棕采收机械发展趋势

机械化采收技术滞后是制约油棕产业发展的重要瓶颈。实现油棕机械化采收是油棕产业转变发展方式、节本增效、实现高效低损采摘、增强国际市场竞争力的重要途径之一。最终目标是实现油棕自动化、智能化、无人化采收。自动化、智能化时代的到来将快速推动油棕生产装备的升级，使其朝着实用、智能、标准、绿色环保的趋势发展。结合目前油棕机械化采收现状及已有技术，油棕采收机械有以下几个发展方向。

一、多功能履带升降采摘平台

油棕园地形地貌复杂，大都分布在山区和丘陵地带，种植地区为热带多雨地区，地面潮湿泥泞。履带式采摘平台稳定性能较好，越障能力较强，使用寿命长，适合在崎岖的地面上行走，稳定性能较好，其性能均优于轮式采摘平台。履带式采摘平台集成油棕采收装置及油棕果的运输平台。采摘平台能智能识别不同果实大小、质量和硬度的差异性，自动选用合适的采摘路径进行最低损伤采摘油棕果。如何在油棕园高空升降作业平台上安装喷雾、打药、采摘和修剪等装置，以实现高空作业平台的一机多用性也是未来的研究方向。

二、智能化、自动化采摘设备

随着传感器感知精度、识别速度、新型采收结构及其控制方法的快速更新和不断完善，油棕机械化采收技术将向智能化方向推进。油棕机械化采收的最终目标是实现油棕的自动化、智能化、无人化采收。通过建立有限元分析模型，突破基于人工采收果穗的原理及与之适应的采收机械新结构设计；根据油棕果穗成熟的特性，设置程序，进行采摘时智能化识别；攻克采果切割器切割深度与厚度毫米级精准控制、自动适应果穗位置和方向技术难题。根据油棕果穗成熟的特性，进行采摘时熟果智能化识别；攻克采果切割力度的精准控制、自动适应果穗着生位置识别等技术难题。

提升油棕采收机械化水平是产业发展的重要支撑，油棕产业现代化建设必须依靠先进的田间管理装备。加强油棕机械化采收技术基础研究，提高自主创新能力和技术储备是油棕产业发展的保障。探索研发轻简、适用、高效的智能化和自动化油棕采果机械装备及技术，助力产业提质增效、降低成本。推进油棕机械化采收模式下农机农艺深度融合，探索与各地区种植农艺相结合的油棕机械化采收技术模式，形成科学合理的油棕机械化采收技术体系，对促进油棕产业发展的现代化具有重要意义。

参考文献

才丽华，吴兆迁，1999. 马来西亚油棕园丘生产机械化的探讨[J]. 林业机械与木工设备（12）：14-15.

陈沛民，邓怡国，曹红星，等，2024. 一种油棕采收剪刀：CN202322053999.3[P]，2024-02-13.

陈沛民，燕波，曹红星，等，2024. 一种油棕果采摘适用刀具及使用方法：CN202310961741.5[P].2024-03-15.

程宏磊，舒玉春，2023. 一种高空果实采摘机：CN202223267190.2[P]，2023-03-21.

冯美利，曾鹏，刘立云，2005. 中国发展油棕概况与前景[C]. 中国热带作物学会 2005 年学术（青年学术）研讨会论文集南宁：中国热带作物学会，397-400.

雷新涛，曹红星，2013. 油棕[M]. 北京：中国农业出版社，53-55.

李炜芳，曾宪海，林位夫，2013. 油棕园建园技术初探[J]. 热带农业科学，33（12）：1-3.

刘宝林，张雷，2021. 一种园林机械激光切割机：CN202121047427.9[P].2021-11-09.

潘道荣，申德栋，贾慧鑫，2019. 一种园林用车载式修剪机：CN201821222467.0[P].2019-07-12.

吴秋妃，杨程，张淑岩，等，2024. 油棕果实发育和采后脂肪酸合成录代谢差异分析[J]. 热带作物学报，2.

肖宏儒，夏先飞，宋志禹，等，2020. 手持式油棕果采果工具：CN202020275535.0[P].2020-11-03.

肖宏儒，夏先飞，宋志禹，等，2020. 移动式油棕果采果平台：

CN202020275540.1[P].2020-11-03.

杨海平，2005. 油棕废弃物热解的实验及机理研究[D]. 武汉：华中科技大学.

苑严伟，白圣贺，牛康，等，2022. 油棕机械化采收技术与装备研究进展[J]. 农业工程学报，38（9）：53-63.

张锋，王俊峰，许育文，2023. 东南亚地区油棕产业 SWOT 研究[J]. 热带农业工程，（6）.

张广宾，张万福，2023. 一种自适应型油棕果采摘刀具及其采摘执行装置：CN202011163994.0[P].2023-04-18.

张培，李志远，刘启莎，2024. 一种油棕树果实采摘机：CN202322316054.6[P].2024-05-17.

毛根海，1974. 用长柄镰刀收割油棕果穗[J]. 热带作物译丛，6：31-32.

BARRIOS E M，GOMEZ C D，LEAL J，et al.，2020. Improving harvesting operations in an oil palm plantation [J]. Annals of Operations Research，314（2）：1-39.

CASTILLO G E，LUIS C R F，PÁEZ F A，2017. Evaluation of two harvesting procedures for oil palm（Elaeis guineensis Jacq.）fruits. A case study [J]. Agronomía Colombiana，35（1）：92-99.

MAKKY M，CHERIE C，2021. Pre-harvest oil palm FFB nondestructive evaluation technique using thermal-imaging device [J]. IOP Conference Series：Earth and Environmental Science，1：757.

PETCHARATANA B，BRYAN B，SARA A，et al.，2021. The Prevalence of and Risk Factors Associated with Musculoskeletal Disorders in Thai Oil Palm Harvesting Workers：A Cross-Sectional

Study [J]. International Journal of Environmental Research and Public Health，18（10）：5474.

Sabri M，ARIF N F，SYAFRUDDIN H，2020. Innovation of Fresh Fruit Bunches（FFB）Harvesting Tools，Using Environmentally Friendly Electronic Mechanical System [J]. IOP Conference Series: Materials Science and Engineering，1003（1）：012001.

SHUIB R A，RADZI M F K M，BAKRI M A M，et al.，2020. Development of a harvesting and transportation machine for oil palm plantations [J]. Journal of the Saudi Society of Agricultural Sciences，19（5）：365-373.

SINAMBELA R，MANDANG T，SUBRATA M D I，et al.，2020. Application of an inductive sensor system for identifying ripeness and forecasting harvest time of oil palm [J]. Scientia Horticulturae，265: 109231.

SHUIB R A，蜀来，1991. 油棕收割机的研制[J]. 热带作物译丛，4: 16-19.